333 Automobile,
die man kennen muss!

Michael Dörflinger

333 Automobile die man kennen muss!

GeraMond

Der „Nullzwei" der Bayerischen Motorenwerke, kurz BMW, versinnbildlicht für viele die unbeschwerte Zeit der Freiheit nach der 68er-Bewegung. Bild: BMW

Die bunte Welt der Autos

Kein Fahrzeug lässt uns mehr träumen als das Auto. Es ist uns am nächsten, jeder von uns hatte schon einige – und träumte von anderen, die man sich aber meist nicht leisten kann. In den über 120 Jahren des Automobils haben sich diese Träume allerdings oft gewandelt.

In den Anfängen orientierte sich die Ästhetik noch am Kutschbau. Doch die Geschwindigkeiten wurden immer höher und man wollte immer weiter weg fahren. Das machte es nötig, die Insassen gegen Witterungseinflüsse zu schützen und einen ausreichenden Kraftstoffvorrat an Bord mitzuführen. Bald setzte sich das Prinzip des Frontmotors mit Heckantrieb durch. Die Kraftzentrale lag nun vor dem Fahrer unter einer Verkleidung. Damit wurde die Motorhaube zu einem Objekt der Designer. Und darüber thronte die Kühlerfigur.

Mit der Entwicklung der Motorentechnik wurden die verwendeten Aggregate immer größer und schwerer. In den 1920er-Jahren ging der Trend zum Achtzylinder. Doch wo sollte man den hinstecken? Das Ergebnis der Entwickler waren immer längere Motorhauben. Dieser „Notbehelf" wurde zu einem echten Schönheitsideal vergangener Zeiten.

Nach den schrecklichen Kriegsjahren und als endlich die schlimmste Not überwunden war, sollten auch die Autos von billig herzustellenden Notbehelfen wieder zur schönsten Nebensache der Welt werden. Wieder waren üppig geschwungene Formen anzutreffen, ausladende Kotflügel, viel Chromschminke und ein starkes Herz unter der Haube. Und auf der anderen Straßenseite der „Ponton", das Auto mit den glatten Seitenteilen. Schmucklos, ohne Schwung, aber dynamisch und günstig in der Herstellung.

Jetzt schmückten andere Akzente die neuen Autos: Zierleisten, Heckflossen, prägnante Schnauzen, die Badewannen-Bauweise bereicherten den weltweiten Karosseriebau. Nirgends sonst wie in den USA feierten die neuen Karossen mit den breiten, benzinfressenden Straßenkreuzern Triumphe der Ästhetik. Doch auch in Europa wurden neue Trends gesetzt: Der Roadster erlebte seine Auferstehung.

In den 1970er- und 1980er-Jahren gewann die scharfe Kante Oberwasser. Lamborghini und Ferrari, aber auch die anderen Autobauer zogen die Schnauzen herunter, lösten gerundete Formen auf. Doch dieser Trend hat sich in den Neunzigern umgekehrt. Aus dem Windkanal und von Computerprogrammen errechnet, wurden neue Formen geboren, die sich zwar nach dem Cw-Wert definierten, die aber (trotzdem) das Geschmacksempfinden der Käufer stimulierten.

Entdecken Sie die schönsten und interessantesten Automobile in diesem Buch! 333 Modelle haben Platz gefunden, darunter bestens Bekannte, aber auch seltene Modelle. Sicher hätten es noch viele mehr sein können.

Michael Dörflinger, im Frühjahr 2015

Inhalt

Mercedes-Benz erprobte beim C 111 II einen Vierscheiben-Wankelmotor. Bild: Daimler

Oben: Der Apollo von Altenburg wird in Handarbeit hergestellt. (Bild: Gumpert Sportwagenmanufaktur) Unten: Die Isetta war kein Familienauto. Aber sie gab in den 1950er-Jahren vielen die Möglichkeit, an der Motorisierung teilzunehmen. (Bild: BMW)

ABG
AP 2

M-MW 118

Legenden und Meilensteine

Kultautos und Modelle, die die Welt veränderten

Carl Benz und Gottlieb Daimler stellten 1886/87 voneinander unabhängig ihre ersten Fahrzeuge mit Verbrennungsmotor vor. Allgemein gilt heute die erste Ausfahrt von Carl Benz mit seinem Dreirad-Wagen am 3. Juli 1886 als das Datum, an dem das Auto erfunden wurde. Die Geschichte der Automobile, also selbstfahrender Vehikel, begann allerdings schon weit früher. Wie so oft, gab auch hier das Militär den Anstoß. Als Artilleriezugmaschine sollte 1769 der Dampfwagen von Cugnot dienen. Leider kam er nicht einmal aus der Kaserne heraus. Dennoch begann einige Jahre später eine kleine Blüte der Produktion von Dampfautos.

Die Franzosen blieben in den Jahren der Belle Epoque die Impulsgeber nicht nur im Autobau, sondern auch im Motorsport. Peugeot und Panhard & Levassor hatten als erste Unternehmen nach Benz die industrielle Fertigung von Automobilen mit Verbrennungsmotor aufgenommen. Die Motoren ihrer Kraftfahrzeuge stammten zunächst von Daimler, der hauptsächlich als Motorenbauer auftrat. Immer mehr Marken stellten sich bis zum Ausbruch des Ersten Weltkriegs vor. Solche, die heute

Begegnung: Der originale Benz Patent-Motorwagen aus dem Jahr 1888 (links) trifft auf eine Replik des ersten Automobils der Welt von 1886. Bild: Daimler

Als Roadster war die junge Alfa Romeo Giulietta ein Traum der 1950er-Jahre. Bild: Alfa Romeo

kaum noch jemand kennt, z.B. Thomas (USA), Minerva (Belgien), Protos (Deutschland), Itala (Italien) oder Gräf & Stift (Österreich), aber auch heute noch bekannte Marken wie Opel, Renault, Fiat oder Ford. In Deutschland vereinigten sich die beiden ältesten Firmen 1925 und gründeten Mercedes-Benz. Viele Unternehmen der ersten Generation bekamen mit den wachsenden Anforderungen an die Technik der Autos Schwierigkeiten und mussten abtreten.

Auf dem Weg zu einem sicheren und zuverlässigen Kraftfahrzeug standen noch viele Hürden. Die frühe Entwicklung der Automobilindustrie war deshalb auch immer eine Geschichte der technischen Neuerungen. Viele Hersteller hatten keine eigene Karosserie-Abteilung. Diese Arbeit wurde anfangs oft den Stellmacherbetrieben übertragen, die aus dem Kutschenbau große Erfahrung mitbrachten.

Während in Europa mehr oder weniger Kleinserien gefertigt wurden, ging Henry Ford in die Geschichte ein, weil er seine Fahrzeuge ab 1914 am Fließband produzieren ließ. Sein Model T blieb lange Jahre das meistgebaute Auto der Welt. Ford hatte das Automobil auch für die weniger wohlhabenden Mitbürger erschwinglich gemacht.

Die Idee, für die breite Masse Autos zu bauen, hatte auch der sonst eher für schnelle Autos bekannte Ferdinand Porsche. Auf ihn geht der Volkswagen zurück, der zur Nazizeit in einem eigenen Werk bei Fallersleben gebaut werden sollte. Doch in Deutschland wurde der Pkw erst in der Wirtschaftswunderzeit langsam zum Massenprodukt. Immerhin entstand aus diesen Ansätzen mit Volkswagen einer der größten Autobauer der Welt.

Der weltweite Wettbewerb wurde mit dem Aufkommen japanischer Firmen noch weiter angekurbelt. Die Industrie entwickelte immer bessere Sicherheitsvorkehrungen. Begriffe wie Knautschzone, Sicherheitsgurt, ABS oder Airbag kennt heute jeder. Vor 50 Jahren war man schon froh über ein Sicherheitslenkrad. Bei Unfällen entstanden damals die schlimmsten Verletzungen durch das scharfe Blech der Karosserie. Hier hat die Technik inzwischen ganze Arbeit geleistet.

Kultobjekte wie die „Ente“, der „Käfer“ und der Golf prägten die Autofreunde ganzer Epochen. Eine starke Magie geht von diesen Fahrzeugen aus, die keiner erklären kann. Sie sind nicht besonders schnell oder bieten viel Platz. Sie bieten auch nicht den besten Fahrkomfort und dennoch werden sie geliebt.

Dann gibt es auch noch die anderen: Ferrari, Maserati, Porsche, Jaguar, Lamborghini, Bugatti oder Lotus. Namen, die dem Liebhaber vierrädriger Selbstfahrer auf der Zunge zergehen. Die sportlichen, Blech und Kunststoff gewordenen Träume begeistern die meisten, die Autos mögen – doch die wenigsten können sich solch einen Spitzenwagen leisten.

Aber: Kennen muss man sie, auch wenn in der Garage kein Platz für diese Luxusgeschöpfe ist. Denn fast so schön wie mit tollen Autos ist es, mit Freunden über sie zu reden, bei einem Bier zu fachsimpeln oder sie einfach nur in einem Buch anzuschauen und zu bewundern.

Familientreffen: drei Generationen GTI auf einem Foto. Bild: Volkswagen

Cugnot Dampfwagen (Fardier) 01

Dieser zweite Cugnot-Wagen ist der berühmt gewordene Fardier (Lastwagen) von 1770. Bild: David Saunders

Dieses Fahrzeug war das erste Automobil im weiteren Sinne. Nicholas Cugnot war ein französischer Artillerie-Offizier, der große Pläne hatte. Eine Dampfmaschine sollte sein Fahrgestell antreiben und auf diese Weise schwere Kanonen auf ferne Schlachtfelder transportieren. Leider gab es massive Probleme mit der Lenkung des schweren Ungetüms, das vorn einen schweren Dampfkessel hatte. Nach einem Zusammenstoß mit der Kasernenmauer war das Thema Automobil für mehrere Jahre erledigt. Die Reichweite des Dampfwagens wäre ohnehin sehr beschränkt gewesen. Im folgenden Jahr baute Cugnot noch ein zweites Exemplar, das heute im Pariser Kunst- und Handwerksmuseum ausgestellt ist.

▶ Wussten Sie schon?
Cugnots Dampfwagen endete mit dem ersten „Autounfall" an einer Kasernenmauer.

TECHNISCHE DATEN

Bauzeit	1769–1770
Motor	Dampfmaschine
Stückzahl	2
Leistung	k.A.
Hubraum	k.A.
Zylinder	2
Höchstgeschwindigkeit	4 km/h
Gewicht	4000 kg
Verbrauch	k.A.

02 Benz Patent-Motorwagen

Fast ein Jahr ließ man sich im Kaiserlichen Patentamt Zeit, bis dem Motorwagen von Carl Benz aus Mannheim unter der Nummer DRP 37435 das Patent erteilt wurde. So lange wollte der ungeduldige Erfinder nicht warten und führte am 3. Juli 1886 seine erste öffentliche Probefahrt durch. Dieser Ausflug gilt heute als die Geburtsstunde des Automobils. Sein Fahrzeug hatte vorn ein kleines angelenktes Laufrad und hinten zwei große angetriebene Speichenräder, die von einem Einzylinder-Viertaktmotor bewegt wurden. Der Antrieb geschah über eine Kette. Die Schwungscheibe des Motors war liegend eingebaut worden. Gelenkt wurde mit einem einfachen Hebel. Das Fahrgestell war nicht etwa nur eine Kutsche, sondern wurde eigens für den Motorwagen angefertigt.

▶ Wussten Sie schon?

Das liegende Schwungrad am Heck des Motorwagens musste zum Anlassen des Motors kräftig gedreht werden.

TECHNISCHE DATEN

Bauzeit	1885
Motor	Viertaktmotor
Stückzahl	1
Leistung	0,9 PS
Hubraum	954 ccm
Zylinder	1
Höchstgeschwindigkeit	16 km/h
Gewicht	265 kg
Verbrauch	10 l/100 km

Der Antrieb des Patent-Motorwagens erfolgte über handelsübliche Fahrradketten. Bild: Daimler AG

Daimler Motorkutsche

03

Die Motorkutsche von Gottlieb Daimler (links) und der Patent-Motorwagen von Karl Benz (rechts) im neuen Mercedes-Benz Museum. Bild: Daimler AG

Ein Jahr nach Benz baute Gottlieb Daimler, der von dem Mannheimer nichts wusste, seine Motorkutsche. Während es Benz darauf ankam, das selbstfahrende Automobil zu bauen, hatte Daimler die Absicht, Anwendungsmöglichkeiten seines Motors zu demonstrieren. Das hatte er bereits 1885 mit dem ersten Motorrad bewiesen. 1886 baute er seinen Motor in ein Boot, unter einen Ballon und auf eine Kutsche. Das erste Auto mit vier Rädern war erfunden. Die Kutsche stammte vom Stuttgarter Kutschenbauer Wimpff. Daimler hatte seinen Einzylinder-Motor zwischen die beiden Sitzbänke gebaut und die Hinterräder angetrieben. Nach dem Erfolg konstruierte Daimler zusammen mit seinem Freund Maybach den Stahlradwagen mit Zweizylinder-V-Motor, der 1889 auf der Pariser Weltausstellung die Leidenschaft der Franzosen für Automobile weckte.

▶ Wussten Sie schon?

„Standuhr" wurde augenzwinkernd der Einzylinder-Motor von Gottlieb Daimlers Motorkutsche getauft.

TECHNISCHE DATEN

Bauzeit	1886
Motor	Viertaktmotor
Stückzahl	1
Leistung	1,1 PS
Hubraum	462 ccm
Zylinder	1
Höchstgeschwindigkeit	16 km/h
Gewicht	290 kg
Verbrauch	k.A.

04

Panhard & Levassor P2D

1891 wurde das Système Panhard eingeführt: Motor vorn, Antrieb hinten. Bild: Sammlung Dörflinger

Eines der ältesten Automobile der Welt ist der P2D von Panhard & Levassor. Da dieses französische Unternehmen als erstes Kraftfahrzeuge mit Verbrennungsmotor industriell gefertigt hat, gilt es bei vielen als erste Autofabrik der Welt. Panhard setzte immer wieder Meilensteine in der Autoproduktion. So führte man schon 1891 den vorn liegenden Motor mit Hinterradantrieb ein. Die Motoren der frühen Exemplare stammten von Daimler.

TECHNISCHE DATEN

Bauzeit	1890–1894
Motor	Daimler V-Motor
Stückzahl	30
Leistung	3 PS
Hubraum	1140 ccm
Zylinder	2
Höchstgeschwindigkeit	22 km/h
Gewicht	k.A.
Verbrauch	k.A.

05

Panhard & Levassor A1

Dieses Exemplar war das erste Automobil, das je in Japan gefahren ist. Bild: Sammlung Dörflinger

Ein Panhard & Levassor gewann die beiden ersten Autorennen der Welt. Emile Levassor, der wohl auch der Europäer auf unserem Bild ist, war selbst am Steuer gesessen. Solche Erfolge zogen Aufträge nach sich und machten die Firma auch im Ausland schnell bekannt. Eines der mit Phoenix-Motor von Daimler angetriebenen Modelle A1 fand seinen Weg nach Japan. Der Motor lag vor dem Fahrer. Er erlaubte Geschwindigkeiten bis zu 30 km/h.

TECHNISCHE DATEN

Bauzeit	1895–1902
Motor	Phoenix-Reihenmotor
Stückzahl	371
Leistung	1201 ccm
Hubraum	4 PS
Zylinder	2
Höchstgeschwindigkeit	30 km/h
Gewicht	k.A.
Verbrauch	k.A.

Wartburg Motorwagen

06

In der Fabrik, wo der Dixi, die BMW-Autos der Vorkriegszeit und die Wartburg der Nachkriegszeit entstanden sind, wurde schon 1898 der Wartburg Motorwagen gebaut. Er war der Lizenznachbau des Modells Voiturelle der französischen Firma Decauville. Das Fahrzeug hatte einen Heckmotor mit Hinterradantrieb. Der Aufbau entsprach der Kutschenform der frühen Autos im Vis-à-vis-Stil mit gegenüber sitzenden Passagieren. Die ersten Exemplare wurden mit einem luftgekühlten Motor angeboten, doch sehr bald ging die Fahrzeugfabrik Eisenach dazu über, wassergekühlte Aggregate einzubauen.

TECHNISCHE DATEN	
Bauzeit	1898–1903
Motor	Reihenmotor
Stückzahl	ca. 250
Leistung	5 PS
Hubraum	998 ccm
Zylinder	2
Höchstgeschwindigkeit	40 km/h
Gewicht	315 kg
Verbrauch	k.A.

Wer Wartburg hört, denkt zuerst an das DDR-Auto. Doch es gab bereits in der Kaiserzeit ein Fahrzeug dieses Namens. Bild: Michael Dörflinger

07

Fiat 3 ½ HP

Der Fiat 3 ½ HP besaß ein Getriebe mit drei Vorwärtsgängen. Auf einen Rückwärtsgang musste der Fahrer bei diesem Modell jedoch noch verzichten. Bild: FIAT S.p.A

Im Jahr 1899 wurde das Unternehmen „Fabbrica Italiana Automobili Torino“ („Italienische Automobilfabrik Turin“) gegründet, und noch im gleichen Jahr, nach dem Erwerb eines Fabrikgebäudes am Corso Dante in Turin, begann man mit der Fahrzeugproduktion. Wie es in den Pionierjahren des Automobilbaus noch üblich war, glich das erste Gefährt, das aus dem Werkstor rollte, noch mehr einer Kutsche als einem modernen Personenwagen. Angetrieben wurde das Fahrzeug von einem Zweizylinder-Motor, der eine Leistung von 3,5 PS erbrachte, weshalb das Modell 3 ½ HP und manchmal auch 4 HP genannt wird. Bereits im folgenden Jahr wurde der erste Fiat von einem zweieinhalb PS stärkeren Nachfolger, dem 6 HP, abgelöst.

▶ Wussten Sie schon?

26 Exemplare des 3 ½ HP wurden hergestellt. Vier davon existieren heute noch in verschiedenen Museen.

TECHNISCHE DATEN

Bauzeit	1899–1900
Motor	Reihenmotor
Stückzahl	26
Leistung	3,5 PS
Hubraum	679 ccm
Zylinder	2
Höchstgeschwindigkeit	32 km/h
Gewicht	684 kg
Verbrauch	k.A.

Das erste Elektrofahrzeug der Welt mit Radnabenmotoren ist nicht etwa eine neue Erfindung. Porsche hat es auf der Pariser Weltausstellung von 1900 vorgestellt. Bild: Dr. Ing. h.c. F. Porsche AG

Elektr. Voiturette System Lohner-Porsche 8

Ferdinand Porsches erster großer internationaler Erfolg war ein ungewöhnliches und noch heute höchst modernes Fahrzeug. Seine Elektrische Voiturette System Lohner-Porsche aus dem Jahr 1900 hatte je einen Innenpol-Elektromotor in den Vorderradnaben. Mit ihnen waren jeweils bis zu 7 PS möglich. Der Akku für dieses noch kutschenartige Fahrzeug gab etwa für drei Stunden Energie ab. Damals war allerdings die Batterieleistung noch nicht gut genug, um den Verbrennungsmotoren trotzen zu können. Eine andere wichtige Neuerung war der Vorderradantrieb mit Lenkung.

TECHNISCHE DATEN

Bauzeit	1900
Motor	Elektromotor
Stückzahl	k.A.
Leistung	2x7 PS
Hubraum	keiner
Zylinder	keine
Höchstgeschwindigkeit	58 km/h
Gewicht	980 kg
Verbrauch	Batterie

9

Nesselsdorf Typ B

Die Nesselsdorfer Wagenbau-Fabriks-Gesellschaft in Mähren war einer der wenigen Hersteller von Kutschen, die auch beim Autobau Erfolg hatten. Bereits 1897 baute sie ihre ersten Modelle. Der Typ B von 1902 hatte einen Boxermotor, der unter dem Wagenboden eingebaut war. Boxermotoren setzte damals sonst noch Benz ein. Der Antrieb der Hinterräder erfolgte über eine Kette. An der Konstruktion war auch schon Hans Ledwinka beteiligt, der später bekannt werden sollte. Nach dem Ersten Weltkrieg lag die Firma auf dem Staatsgebiet der Tschechoslowakei und ging in der Firma Tatra auf, bei der Ledwinka Chefkonstrukteur blieb.

Dieses Modell „Präsident" von 1897 war ein Vorgänger des Typ B. Bild: Ondrej Ertl

TECHNISCHE DATEN

Bauzeit	1902–1904
Motor	Boxermotor
Stückzahl	31
Leistung	12 PS
Hubraum	3188 ccm
Zylinder	2
Höchstgeschwindigkeit	45 km/h
Gewicht	975 kg
Verbrauch	k.A.

Dieses Fahrzeug entstand 1902 beim Vorgänger von Tatra, der Nesselsdorfer Wagenbau-Fabriks-Gesellschaft. Bild: Tatra

Die Bremse, die auf alle vier Räder wirkte, war eine Besonderheit des 60 HP. Der Belgier Joseph Laviolette zeichnete für die Entwicklung des Autos verantwortlich. Bild: Sammlung Dörflinger

10

Spyker 60 HP

Die Brüder Jacobus und Hendrik-Jan Spijker waren anfangs in Hilversum und ab 1898 in Amsterdam als Kutschenbauer tätig. Mit dem Automobilbau begannen sie 1899. In den folgenden Jahren stellten sie Modelle mit Zwei- und Vierzylinder-Motoren vor, die eine Leistung von drei bis 36 PS erbrachten. 1903 erfolgte die Umbenennung der Firma in den auf ausländischen Märkten besser wirkenden Namen Spyker. Der 60 HP kam im gleichen Jahr auf den Markt. Es handelte sich bei dem Rennwagen um das erste mit nur einem Motor ausgestattete Allradauto und das erste der Welt mit einem Sechszylinder.

TECHNISCHE DATEN

Bauzeit	1903
Motor	Reihenmotor
Stückzahl	1
Leistung	60 PS
Hubraum	8676 ccm
Zylinder	6
Höchstgeschwindigkeit	75 km/h
Gewicht	k.A.
Verbrauch	k.A.

11

Adler 24/28 PS

Neben der Produktion von Schreibmaschinen beschäftigte sich die Frankfurter Firma Adler ab dem Jahr 1900 sehr erfolgreich mit dem Autobau. Dieses Modell ist ein Tonneau. So wurden Fahrzeuge bezeichnet, die eine oder mehrere hintere Sitzreihen hatten, der Einstieg war entweder am Heck oder wie hier an der Seite möglich. Zur dritten Reihe gelangte man im Wagen. Das Sonnendach konnte abgenommen werden.

▶ **Wussten Sie schon?**

Die Adlerwerke gehörten vor dem Zweiten Weltkrieg zu den größten Produzenten von Automobilen in Deutschland.

TECHNISCHE DATEN

Bauzeit	1904–1905
Motor	Reihenmotor
Stückzahl	k.A.
Leistung	28 PS
Hubraum	4016 ccm
Zylinder	4
Höchstgeschwindigkeit	65 km/h
Gewicht	k.A.
Verbrauch	k.A.

Werbeanzeige aus dem Jahr 1907. Bild: Slg. Autor

Die Schwingachse der Adler-Wagen wurde von Edmund Rumpler erfunden, der später als Flugzeugpionier bekannt wurde. Bild: Meyers Konversationslexikon 1908

Rolls-Royce 10 hp

Mit dem 10 hp die nahm die Nobelmarke Rolls-Royce ihren Anfang. Bild: Rolls-Royce Enthusiasts Club

Das für seine Luxusautos berühmte Unternehmen Rolls-Royce wurde 1906 von Charles Stewart Rolls und F. Henry Royce im englischen Derby gegründet. Das erste, noch Royce genannte Automobil, wurde jedoch schon zwei Jahre früher hergestellt. Es handelte sich um den 10 hp. Von den 16 hergestellten Exemplaren des 10 hp – hp steht für horse power = PS – sind heute wahrscheinlich noch vier vorhanden. Für die Montage war Royce Ltd., das Unternehmen von Henry Royce in Manchester, zuständig. Der Vertrieb wurde exklusiv über die Verkaufsagentur von Stewart Rolls vorgenommen. Royce hatte diesen über einen Geschäftspartner kennengelernt. Der neue 10 hp begeisterte den Verkaufprofi derart, dass er sich per Handschlag mit Royce zu einer Kooperation verständigte. Erst nach Vertragsschluss im Dezember 1904 wurden die neuen Fahrzeuge unter der Marke Rolls-Royce verkauft, das Unternehmen selbst entstand erst 1906, im letzten Baujahr des 10 hp. Diesen Rolls-Royce gab es übrigens noch für vergleichsweise moderate 395 Pfund.

TECHNISCHE DATEN

Bauzeit	1904–1906
Motor	Reihenmotor
Stückzahl	16
Leistung	12 PS
Hubraum	1810 ccm
Zylinder	2
Höchstgeschwindigkeit	63 km/h
Gewicht	555 kg
Verbrauch	k.A.

13 Adler 8/16

Die Adlerwerke gehörten bis zum Zweiten Weltkrieg zu den drei größten deutschen Autobauern. Neben kleineren Modellen hatte Adler auch größere Wagen im Angebot, mit denen man Bevölkerungsschichten umwarb, die nie ohne Chauffeur aus dem Haus gingen. 8/16 PS bedeutete, dass der Vierzylinder-Motor mit einer steuerlichen Leistung von 8 PS bewertet wurde, durch technische Verbesserungen waren aber in Wirklichkeit 16 PS möglich. Adler führte in den deutschen Automobilbau neben der Kardanwelle auch die Verblockung von Motor und Getriebe ein. Die Bereifung an dem abgebildeten Modell stammt von der US-Firma Goodrich – dem Erfinder des Reißverschlusses. Am Heck des Fahrzeugs erkennt man noch deutlich die Tradition des Kutschenbaus. Der Fahrer saß abgetrennt von seinen Passagieren außerhalb der Kabine, allerdings unter einem Dach. Als Scheinwerfer dienten damals noch Karbidlampen, die in einer Halterungen am Fahrzeug steckten. Besonders hohe Stückzahlen hat das Vierzylindermodell Adler 8/16 jedoch nicht erreicht.

Wussten Sie schon?
Adler war auch weltberühmt für seine Schreibmaschinen der Marke Triumph-Adler und Fahrräder.

TECHNISCHE DATEN

Bauzeit	1904–1907
Motor	Reihenmotor
Stückzahl	k.A.
Leistung	16 PS
Hubraum	2800 ccm
Zylinder	4
Höchstgeschwindigkeit	60 km/h
Gewicht	k.A.
Verbrauch	k.A.

Der Adler 8/16 PS wurde zwischen 1904 und 1907 in Frankfurt am Main gebaut. Bild: Michael Dörflinger

Renault AG 1

Vor allem als Taxi wurde der AG 1 in allen europäischen Metropolen eingesetzt. Bild: Renault

Bereits das erste Renault-Auto von 1898 hatte einen Kardanantrieb. Das setzte sich auch bei dem ab 1905 gebauten AG 1 fort. Dieses Modell wurde als „Taxi de la Marne" berühmt. 1914 standen die deutschen Truppen vor Paris, als der Stadtkommandant seine Reservetruppen mit Taxis, die meist vom Typ AG 1 waren, an die Front fahren ließ. Deutschland verlor die Schlacht an der Marne, Renault gewann weiter an Popularität. Ursprünglich hatte dieser Wagen lediglich 8 PS, ab 1907 mit größerem Motor kam der AG 1 allerdings dann auf eine Leistung von 12 PS.

TECHNISCHE DATEN

Bauzeit	1905–1910
Motor	Reihenmotor
Stückzahl	k.A.
Leistung	12 PS
Hubraum	1205 ccm
Zylinder	2
Höchstgeschwindigkeit	45 km/h
Gewicht	k.A.
Verbrauch	k.A.

15

Brennabor Typ A1

Der erste Serienwagen der Brandenburger leistete noch 8 PS. Bild: Sammlung Dörflinger

Ab 1903 wurden von der brandenburgischen Firma Brennabor, die auf Kinderwagen und Fahrräder spezialisiert war, auch Autos gebaut. Die ersten Modelle wie der „Fafnir" waren noch Auftragsarbeiten. 1908 begann mit dem Typ A1 die Serienfertigung. Zielgruppe waren Leute, die es nicht zu schnell, dafür aber etwas billiger wollten. Der Zweizylinder-Motor mit 3,5 Steuer-PS leistete 8 PS und war für Fahrten bis zu 50 km/h ausgelegt.

TECHNISCHE DATEN

Bauzeit	1905–1911
Motor	Reihenmotor
Stückzahl	k.A.
Leistung	8 PS
Hubraum	904 ccm
Zylinder	2
Höchstgeschwindigkeit	50 km/h
Gewicht	k.A.
Verbrauch	k.A.

16

Rolls-Royce 20 hp

Den 20 hp gab es mit Längen von 2.896 oder 2.692 Millimetern. Bild: Rolls-Royce Enthusiasts Club

Mit dem Bau des 20 hp wurde 1905 in der Werkstatt der Royce Limited in Manchester begonnen. Wie schon beim 10 hp, so wurde auch bei dem stärkeren Vierzylinder-Modell der Vertrieb von Charles Rolls übernommen. Der wassergekühlte Motor besaß zwei separat gegossene Doppelzylinder. Anfangs wurde der 20 hp mit einem Dreigang-Getriebe ausgestattet, später bekam das Fahrzeug vier Vorwärtsgänge. Rolls-Royce stellte bei den ersten Modellen nur das Fahrwerk und die Mechanik, nicht aber die Karosserie selbst her.

TECHNISCHE DATEN

Bauzeit	1905–1906
Motor	Reihenmotor
Stückzahl	40
Leistung	20 PS
Hubraum	4119 ccm
Zylinder	4
Höchstgeschwindigkeit	80 km/h
Gewicht	680 kg
Verbrauch	k.A.

Peugeot 69 „Bébé"

Zusammen mit Panhard & Levassor ist Peugeot der älteste Autobauer Frankreichs, der viertälteste der Welt. Als Hersteller von – auch mehrsitzigen – Fahrrädern war das Unternehmen für den Autobau prädestiniert. Der Bébé („Baby"), obwohl schon 1905 gebaut, war bereits das 69. Modell von Peugeot. Sein vorn liegender Einzylindermotor trieb die Hinterräder über eine Kardanwelle an. Konkurrent Renault hatte sie 1898 mit seinem ersten Wagen in den Automobilbau eingeführt. Die Bébés wurden noch in Audincourt nahe der Schweizer Grenze gebaut. Seit 1912 ist Sochaux nördlich von Audincourt die Peugeot-Zentrale. Ebenfalls unter dem Beinamen „Bébé" entstand 1912 ein Fahrzeug, das Ettore Bugatti mit konstruiert hatte.

▶ Wussten Sie schon?
Bébé heißt soviel wie Säugling, was sich natürlich auf die Fahrzeuggröße des Kleinwagens mit Einzylindermotor bezieht.

TECHNISCHE DATEN

Bauzeit	1905–1912
Motor	Viertaktmotor
Stückzahl	400
Leistung	6,75 PS
Hubraum	652 ccm
Zylinder	1
Höchstgeschwindigkeit	30 km/h
Gewicht	k.A.
Verbrauch	k.A.

Der kleine flotte Wagen wurde zum bis dahin größten Erfolg von Peugeot. Bild: Peugeot Deutschland GmbH

18 Rolls-Royce 40/50 hp „Silver Ghost"

Die Qualität der Rolls-Royce-Automobile wusste auch der Prinz von Wales bei seinem Besuch in Indien zu schätzen. Bild: Rolls-Royce Motor Cars Ltd.

Dieses Modell wurde anfangs noch bei Royce in Manchester hergestellt. 1908 wurde die Produktion nach Derby verlagert. Von 1921 bis 1926 wurde das Modell auch in Springfield, im amerikanischen Bundesstaat Massachusetts, gefertigt. Die ursprüngliche Modellbezeichnung war nur 40/50 hp. Die Aufbauten wurden von Karosseriebauern nach Kundenwunsch hergestellt. Den Namen „Silver Ghost" trug ursprünglich nur ein besonderes Exemplar.

TECHNISCHE DATEN

Bauzeit	1906–1926
Motor	Reihenmotor
Stückzahl	7874
Leistung	48 PS
Hubraum	7428 ccm
Zylinder	6
Höchstgeschwindigkeit	135 km/h
Gewicht	1540 kg
Verbrauch	k.A.

19 De Dion-Bouton Landaulet 1908

Vier Vorwärtsgänge und ein Rückwärtsgang standen dem Fahrer des Landaulet zum Schalten zur Verfügung. Bild: Michael Dörflinger

Das heute nur noch unter Oldtimer-Freunden bekannte Unternehmen De Dion-Bouton war um 1900 der größte Automobilhersteller der Welt. Bereits ab 1882 hatte De Dion in dem bei Paris liegenden Ort Puteaux dampfgetriebene Fahrzeuge hergestellt. 1899 baute die Firma ihr erstes Fahrzeug mit Benzinmotor. Das 1908 gebaute Landaulet war mit einem zwei Liter großen Vierzylinder-Motor ausgestattet und erreichte bis zu 60 Stundenkilometer.

TECHNISCHE DATEN

Bauzeit	1908
Motor	Reihenmotor
Stückzahl	k.A.
Leistung	10 PS
Hubraum	2000 ccm
Zylinder	4
Höchstgeschwindigkeit	60 km/h
Gewicht	k.A.
Verbrauch	k.A.

NAG N2 Puck 6/12 PS Doppelphaeton

20

Die Neue Automobil-Gesellschaft NAG war eine Tochter der AEG. Sie baute Pkw mit Elektro- und Verbrennungsmotoren, Omnibusse und Lastwagen. Als technischer Direktor fungierte Joseph Vollmer. Der „Puck" war 1908 als kleineres Fahrzeug der Mittelklasse eingeführt worden. Sein kompakter Vierzylinder-Motor schaffte sogar bis zu 3.000 Umdrehungen in der Minute. Auch dieses Modell hatte den für NAG typischen Rundkühler. Die Karosserie war hauptsächlich aus Holz aufgebaut. Der Fahrer konnte die Zeit auf einer eingebauten Uhr ablesen.

TECHNISCHE DATEN	
Bauzeit	1908–1911
Motor	Reihenmotor
Stückzahl	k.A.
Leistung	12 PS
Hubraum	1570 ccm
Zylinder	4
Höchstgeschwindigkeit	55 km/h
Gewicht	k.A.
Verbrauch	k.A.

Der AEG-Ableger NAG baute Autos mit markanten runden Kühlern. Bild: Michael Dörflinger

21

Ford Model T

Im Laufe seiner Produktionszeit wurden am Model T immer wieder äußerliche Veränderungen vorgenommen. Die Technik blieb jedoch im Großen und Ganzen gleich. Bild: Ford-Werke GmbH Köln

Mit dem Model T schrieb Henry Ford nicht nur Automobil-, sondern auch Kulturgeschichte, denn von dem einfach gebauten Fahrzeug verkauften sich in den 19 Jahren, in denen es produziert wurde, alleine in Nordamerika ungefähr 15 Millionen Exemplare. Grund dafür war der niedrige Verkaufspreis, der nach der Umstellung auf die Fließbandfertigung immer weiter fiel. 1920 war das Automobil für 290 Dollar zu haben. „Tin Lizzy", wie das Model T auch genannt wurde, ermöglichte die Motorisierung eines großen Teils der amerikanischen Mittelschicht. Auf jeglichen Luxus mussten die Besitzer des Wagens zwar verzichten, aber die einfache Konstruktion machte ihn auch robust und reparaturfreundlich.

Wussten Sie schon?

Das Model T war lange Zeit das meistverkaufte Auto der Welt. Vom VW Käfer wurde es erst 1972 übertrumpft, der dann vom Golf überholt wurde.

TECHNISCHE DATEN

Bauzeit	1908–1927
Motor	Reihenmotor
Stückzahl	15000000
Leistung	20 PS
Hubraum	2894 ccm
Zylinder	4
Höchstgeschwindigkeit	65 km/h
Gewicht	540 kg
Verbrauch	k.A.

Benz Blitzen-Benz

22

Dieses zeitgenössische Foto zeigt den Blitzen-Benz vor einem seiner spektakulären Einsätze. Das Design war eine erste Annäherung an die Stromlinienform. Bild: Daimler AG

Es war am 8. November 1909, als der französische Rennfahrer Victor Héméry auf der Brookland-Strecke in England auf einem deutschen Auto als erster Mensch schneller als 200 km/h fuhr. 202,7 km/h waren es genau. Der Wagen, der das schaffte, war der „Blitzen-Benz" des Konstrukteurs Hans Nibel – jenes Mannes, der später bei Mercedes-Benz zur lebenden Legende wurde. Der alternde Carl Benz hatte immer nur Gebrauchsfahrzeuge herstellen wollen, doch als die Umsätze einbrachen, ließ er sich zu diesem Renntest überreden. Der Blitzen-Benz hatte einen Vierzylinder-Motor mit einem Hubraum von sagenhaften 21 Litern. Mit einer Bosch-Magnetzündung ausgestattet, leistete er bei 1.600 Umdrehungen 200 PS. Die Kraftübertragung des leistungsstarken Motors auf die Hinterräder erfolgte noch über eine Kette.

▶ Wussten Sie schon?

Ein Meisterwerk aus Mannheim war der Motor mit 21.504 ccm Hubraum, der den Geschwindigkeitsweltrekord ermöglichte.

TECHNISCHE DATEN

Bauzeit	1909
Motor	Reihenmotor
Stückzahl	1
Leistung	200 PS
Hubraum	21504 ccm
Zylinder	4
Höchstgeschwindigkeit	228 km/h
Gewicht	1200 kg
Verbrauch	k.A.

23 Opel 4/8 PS („Doktorwagen“)

Die ersten Automobile waren für den Durchschnittsbürger noch unerschwinglich. Doch bereits 1909 begann Opel mit der Produktion eines Personenwagens, der den Geldbeutel der Mittelschicht nicht zu sehr beanspruchte. Der Opel 4/8 PS kostete 3.950 Mark. Seine Motorleistung lag bei 8 PS, und auf der Straße war mit ihm eine Höchstgeschwindigkeit von 60 Stundenkilometern möglich. Den Beinamen „Doktorwagen“ erhielt dieser Opel deshalb, weil er besonders gern von Ärzten und Freiberuflern gefahren wurde. Sie schätzten seine Wendigkeit, dank der sie auch durch enge Straßen zu ihren Klienten kamen.

„Onkel“ Doktor unterwegs. Bild: Opel

TECHNISCHE DATEN

Bauzeit	1909–1912
Motor	Reihenmotor
Stückzahl	k.A.
Leistung	8 PS
Hubraum	1029 ccm
Zylinder	4
Höchstgeschwindigkeit	60 km/h
Gewicht	525 kg
Verbrauch	7,5 l/100 km

Der „Doktorwagen“ war ein wendiger Zweisitzer, der einen wichtigen Beitrag zur Verbreitung des Automobils leistete. Bild: Michael Dörflinger

24

Gräf & Stift Typ 28/32 PS

Die beiden Wiener Brüder Gräf hatten bereits 1895 ihre ersten Autos gebaut. Sie schufen den ersten Pkw der Welt mit Frontantrieb. Die 1902 gegründete Firma Gräf & Stift befasste sich dann mit dem Bau luxuriöser Automobile, die besonders im österreichischen Hochadel sehr begehrt waren. Auch Kaiser Franz Joseph besaß einen Gräf & Stift. Das Modell 28/32 PS wurde ab 1910 gebaut. Im Wagen des Grafen Harrach starb 1914 der österreichische Thronfolger durch serbische Kugeln. Dieses Attentat löste den Ersten Weltkrieg aus.

Ein Nachbau des Wagens, in dem der österreichische Erzherzog Franz Ferdinand 1914 in Sarajewo ermordet wurde. Bild: Michael Dörflinger

TECHNISCHE DATEN

Bauzeit	1910
Motor	Reihenmotor
Stückzahl	k.A.
Leistung	32 PS
Hubraum	k.A.
Zylinder	4
Höchstgeschwindigkeit	k.A.
Gewicht	k.A.
Verbrauch	k.A.

25

A.L.F.A. 24 HP

Im Gründungsjahr 1910 begann man bei A.L.F.A. (Anonima Lombarda Fabbrica Automobili), aus dem später Alfa Romeo wurde, mit der Produktion des ersten Automobils. Das Modell erhielt die Bezeichnung 24 HP, wobei damit nicht die PS-Leistung, sondern die Steuerklasse angegeben wurde. Der Vierzylinder-Motor erbrachte in Wirklichkeit 42 PS. Auf der Straße konnte das Automobil bis zu 100 km/h erreichen. Ungefähr 200 Exemplare des schicken A.L.F.A. 24 HP wurden in knapp vier Jahren hergestellt.

Für die Entwicklung des 24 HP verantwortlich war Giuseppe Merosi, der schon für Fiat und Bianchi gearbeitet hatte. Bild: Alfa Romeo

TECHNISCHE DATEN

Bauzeit	1910–1913
Motor	Reihenmotor
Stückzahl	ca. 200
Leistung	42 PS
Hubraum	4084 ccm
Zylinder	4
Höchstgeschwindigkeit	100 km/h
Gewicht	1000 kg
Verbrauch	k.A.

Dieses Exemplar der Serie 8 hatte bereits ein Viergang-Getriebe. Bild: Eomislav Medak

26 Delage AB

Delage war einer der vielen kleineren Autobauer Frankreichs im frühen 20. Jahrhundert. Eines der ersten Modelle der Firma aus der Nähe von Paris war der Typ AB, der einen Vierzylinder-Reihenmotor der Firma von Edouard und Maurice Ballot mit Thermosyphonkühlung besaß. Der vorne liegende Motor trieb die Hinterräder über eine Kardanwelle an. Die meisten Exemplare hatten ein Dreigang-Getriebe, später wurden auch Viergang-Modelle gefertigt. Nach dem Ersten Weltkrieg entstanden eher sportliche Fahrzeuge.

Wussten Sie schon?

Zwischen 1935 und 1953 wurden Delage-Autos nach dem Konkurs des Unternehmens von der Firma Delahaye gebaut.

TECHNISCHE DATEN

Bauzeit	1910–1915
Motor	Ballot 4FM Reihenmotor
Stückzahl	ca. 4000
Leistung	16 PS
Hubraum	2116 ccm
Zylinder	4
Höchstgeschwindigkeit	k.A.
Gewicht	1125 kg
Verbrauch	k.A.

27 Daimler Mercedes-Knight 16/45

Paul Daimler, der Sohn des Firmengründers Gottlieb, hatte als technischer Direktor die Schieber-Technik des Amerikaners Knight bei Mercedes eingeführt. In den Anfängen der Automobiltechnik war die Arbeit der Ventile noch mit Geräuschen verbunden, die bei vielen Autofahrern auf Unwillen stießen. Knight löste das Lärmproblem, indem er die klappernden Ventile durch zylindrisch geformte Hülsen ersetzte, die über die Öffnungen geschoben wurden. Diese Motoren waren damals die leisesten auf dem Markt.

Kaiser Wilhelm II. führte 1913 dem rumänischen Thronfolger seinen Mercedes-Knight 16/45 PS vor. Bild: Daimler AG

TECHNISCHE DATEN

Bauzeit	1910–1916
Motor	Reihenmotor
Stückzahl	5350
Leistung	45 PS
Hubraum	4084 ccm
Zylinder	4
Höchstgeschwindigkeit	80 km/h
Gewicht	1750 kg
Verbrauch	19 l/100 km

28 Morgan V-twin Threewheeler

Im Jahr nach der Firmengründung 1909 stellte Morgan sein erstes Automobil vor, den Threewheeler, auf Deutsch: Dreirad. Es handelte sich bei diesem Entwurf um ein Fahrzeug, das den Motor an der Front hatte, vorn zweiachsig aufgebaut war, hinten aber nur ein Rad besaß. Der Antrieb erfolgte über eine Kette auf das Hinterrad. Verschiedene Motoren wurden gekauft und eingebaut.

Die Threewheeler waren in verschiedensten Ausführungen erhältlich, vom sportlichen Wagen bis zur Familienkutsche. Bild: Morgan Motor Company

TECHNISCHE DATEN

Bauzeit	1910–1939
Motor	Blackburne KMC V-Motor u.a.
Stückzahl	k.A.
Leistung	40 PS
Hubraum	1098 ccm
Zylinder	2
Höchstgeschwindigkeit	110 km/h
Gewicht	360 kg
Verbrauch	k.A.

29

NSU 6/18 PS

Nicht alle Damen im 6/18 PS konnten die lange Belichtungszeit bewegungslos ausharren. Bild: Audi AG

Das wichtigste Standbein von NSU waren immer die Fahrräder, Motorräder und Mofas, doch auch beim Autobau konnte man große Erfolge vorweisen. 1905 wurde in Neckarsulm der erste Wagen gebaut. 1911 hatte man schon viel Erfahrung im Autobau erworben, als man den 6/18 PS vorstellte. Das neue Modell war ein Phaeton, die kurz vor dem Ersten Weltkrieg beliebteste Bauart. Darunter versteht man ein offenes Fahrzeug mit einem Verdeck. Die Windschutzscheibe konnte heruntergeklappt werden. Das Verdeck entsprach der amerikanischen Bauart. Die Starrachsen hatten Blattfedern. Die angetriebenen Hinterräder verfügten über Innenbackenbremsen. Mit dem Beginn des Ersten Weltkriegs musste die Produktion dieses Modells eingestellt werden.

▶ Wussten Sie schon?

NSU ist später in der Auto Union beteiligt und gehört heute zu Audi. In Neckarsulm wird heute der Audi A 3 produziert.

TECHNISCHE DATEN

Bauzeit	1911–1914
Motor	Reihenmotor
Stückzahl	k.A.
Leistung	18 PS
Hubraum	1550 ccm
Zylinder	4
Höchstgeschwindigkeit	60 km/h
Gewicht	680 kg
Verbrauch	k.A.

Daimler Mercedes-Knight 25/65

Mit geschlossenem Verdeck. Bild: Daimler AG

Zusätzlich zum 16/40 PS wurden 1912 ein kleineres und ein größeres Modell vorgestellt. Der fast fünf Meter lange Typ 25/65 fuhr ebenfalls mit einem Schiebermotor des Systems Knight. Der großvolumige Vierzylinder brachte es auf immerhin 85 km/h. Die Schieber, die die Ventile ersetzten, waren allerdings sehr wartungsintensiv. Fehlende Schmierung bedeutete sehr bald ein Festfressen der Hülsenschieber. Hinzu kam der hohe Fertigungsaufwand dieser Technik. Mercedes und andere Hersteller wandten sich deshalb in den 1920er-Jahren wieder von dieser Motorenkonstruktion ab.

▶ Wussten Sie schon?

Der Mercedes-Knight war auch bei Staatsoberhäuptern sehr beliebt. Der leise Schiebermotor galt als großer Vorzug.

TECHNISCHE DATEN

Bauzeit	1912–1915
Motor	Reihenmotor
Stückzahl	105
Leistung	65 PS
Hubraum	6330 ccm
Zylinder	4
Höchstgeschwindigkeit	85 km/h
Gewicht	2075 kg
Verbrauch	23 l/100 km

Der Bau dieses Modells musste 1915 kriegsbedingt eingestellt werden. Bild: Michael Dörflinger

31

Fiat 12-15 HP Zero

Der bis zu 70 km/h schnelle Zero konnte bereits mit einem hohen Fahrkomfort aufwarten. Bild: FIAT S.p.A

Der Zero war das erste Fiat-Auto, von dem über 2.000 Exemplare hergestellt wurden. Einer der Gründe dafür war sicherlich die Einführung der Fließbandfertigung, die ein rationelleres Arbeiten und eine drastische Senkung des Kaufpreises ermöglichte. Allerdings musste schon 1915 der Bau des Personenwagens wieder beendet werden, da wegen des Ersten Weltkriegs die Produktion auf Kriegsgüter umgestellt werden musste. Der Motor leistete eigentlich mehr, als in der Modellbezeichnung angegeben wurde.

TECHNISCHE DATEN

Bauzeit	1912–1915
Motor	Reihenmotor
Stückzahl	2200
Leistung	19,3 PS
Hubraum	1845 ccm
Zylinder	4
Höchstgeschwindigkeit	70 km/h
Gewicht	1200 kg
Verbrauch	12 l/100 km

32

Benz 8/20 PS Doppelphaeton

Dieses Fahrzeug wurde mit schönen Holzfelgen ausgestattet. Bild: Michael Dörflinger

Die Mannheimer Firma Benz hatte 1904 mit Hans Nibel einen herausragenden Konstrukteur gewonnen. Unter seiner Leitung entstanden bei Benz vor dem Ersten Weltkrieg zuverlässige Fahrzeuge besonders für die Oberklasse, aber auch der Blitzen-Benz. Der 1912 vorgestellte 8/20 PS war in verschiedenen Ausführungen erhältlich, darunter auch als Doppelphaeton mit zwei Sitzreihen und einem klappbaren Verdeck. Die Karosserie war auf einen Pressstahlrahmen aufgebaut. Die Kraftübertragung vom vorn stehend eingebauten Motor auf die Hinterräder geschah über eine Kardanwelle.

TECHNISCHE DATEN

Bauzeit	1912–1921
Motor	Reihenmotor
Stückzahl	k.A.
Leistung	20 PS
Hubraum	2090 ccm
Zylinder	4
Höchstgeschwindigkeit	65 km/h
Gewicht	1100 kg
Verbrauch	15 l/100 km

Die Österreichische Alpenfahrt, die der Audi Typ C dreimal gewann, gilt als die härteste Rallye in der Zeit vor dem Ersten Weltkrieg. Bild: Audi AG

Audi Typ C 14/35 PS Alpensieger

33

Nicht in Ingolstadt, sondern in Zwickau wurden vor dem Zweiten Weltkrieg Autos der Marke Audi gebaut. Dieser Tourenwagen war das dritte Modell der 1909 von August Horch gegründeten Firma. Es konnte zwischen 1912 und 1914 dreimal hintereinander die Österreichische Alpenfahrt gewinnen, damals eines der anspruchsvollsten Rennen. Aus diesem Grund bekam der Typ C seinen Beinamen. Nach einer Unterbrechung im Ersten Weltkrieg wurde der „Alpensieger" noch bis 1921 gebaut. Es gab Versionen mit 35 und mit 40 PS.

Der Typ C wurde in Zwickau gebaut. Bild: Audi AG

TECHNISCHE DATEN

Bauzeit	1912–1921
Motor	Reihenmotor
Stückzahl	1450
Leistung	40 PS
Hubraum	3564 ccm
Zylinder	4
Höchstgeschwindigkeit	100 km/h
Gewicht	1750 kg
Verbrauch	16 l/100 km

34

A.L.F.A. 40-60 HP

Das Mailänder Unternehmen A.L.F.A., aus dem später Alfa Romeo wurde, hatte 1910 mit der Automobilproduktion begonnen. Der 24 HP, wie das erste Modell hieß, diente als Grundlage für die Entwicklung weiterer Fahrzeuge. Eines davon war der 40-60 HP, der ab 1913 hergestellt wurde. Sein Vierzylinder-Motor leistete 70 PS. Auf der Straße konnte damit eine Höchstgeschwindigkeit von 125 Stundenkilometern erreicht werden. Eine Rennwagen-Version, die 40-60 HP Corsa genannt wurde, besaß einen 73 PS starken Motor und war bis zu 137 km/h schnell. Mehrere Rennen wurden mit dem Auto gewonnen. Die Produktion des 40-60 HP musste wegen des Ersten Weltkriegs unterbrochen werden, wurde jedoch danach wieder aufgenommen und erst 1922 durch ein anderes Modell ersetzt. Einer der berühmtesten Fahrer war Enzo Ferrari, der später selbst Autos baute.

▶ Wussten Sie schon?
Der 40-60 HP war von Giuseppe Merosi, der auch für das Design der anderen A.L.F.A.-Fahrzeuge verantwortlich war, entwickelt worden.

TECHNISCHE DATEN

Bauzeit	1913–1922
Motor	Reihenmotor
Stückzahl	27
Leistung	70 PS
Hubraum	6082 ccm
Zylinder	4
Höchstgeschwindigkeit	125 km/h
Gewicht	k.A.
Verbrauch	k.A.

Die Rennfahrer und ihre Autos: Der A.L.F.A. 40-60 HP (Mitte) mit Fahrer Enzo Ferrari bei der Targa Florio von 1920. Bild: Fiat Group Automobiles S.p.A.

35 Studebaker Big Six

Ein Big Six im Studebaker-Museum. Bild: M. Barera

Studebaker war ein im amerikanischen Bundesstaat Indiana beheimatetes Unternehmen, das 1852 von den fünf Studebaker-Brüdern gegründet worden war. Anfangs wurden Wagen für die Landwirtschaft, den Bergbau und das Militär gebaut. 1902 entschied sich die Firma zum Einstieg in die Automobilfertigung. Der Big Six wurde von Studebaker 1918 auf den Markt gebracht. Die Ausführung mit dem 60-PS-Motor wurde bis 1919 angeboten. Mit einem stärkeren Motor und unterschiedlichen Karosserien wurde der Big Six noch bis 1927 gebaut.

▶ Wussten Sie schon?
Studebaker wurde vor allem durch seine Planwagen bekannt, mit denen die Siedler den Westen der USA eroberten.

TECHNISCHE DATEN

Bauzeit	1918–1919
Motor	Reihenmotor
Stückzahl	k.A.
Leistung	60 PS
Hubraum	5800 ccm
Zylinder	6
Höchstgeschwindigkeit	k.A.
Gewicht	1360 kg
Verbrauch	k.A.

Der Big Six hatte Platz für sieben Passagiere. Bild: Studebaker

36 Protos Typ C 10/30 PS

Nach dem Ersten Weltkrieg wurde dieser eindrucksvolle Tourenwagen gebaut. Er blieb das einzige Modell des Berliner Herstellers in jener Zeit, konnte aber in allen möglichen Ausführungen gekauft werden. Der Wagen besaß ein Viergang-Getriebe und erreichte 75 km/h. Der Vierzylinder-Motor brachte eine Leistung von 30 PS. 1924 wurde die Motorleistung gesteigert und das Nachfolgemodell C 1 mit 45 PS entstand. Protos wurde weltweit bekannt durch den Sieg bei der Rallye rund um die Welt von New York nach Paris (1908). Seit dieser Zeit übernahm Siemens-Schuckert das Unternehmen und es wurden auch Nutzfahrzeuge gebaut. Bereits 1926 wurde die Firma von NAG, einer Tochter der AEG, aufgekauft. Beide waren in Berlin ansässig.

▶ Wussten Sie schon?

Ein Protos gewann 1908 das längste Autorennen der Welt von New York nach Paris über Russland.

TECHNISCHE DATEN

Bauzeit	1918–1924
Motor	Reihenmotor
Stückzahl	ca. 10000 (mit Typ C1)
Leistung	30 PS
Hubraum	2614 ccm
Zylinder	4
Höchstgeschwindigkeit	75 km/h
Gewicht	1650 kg
Verbrauch	12 l/100 km

Protos-Wagen genossen den Ruf einer besonderen Zuverlässigkeit. Bild: Michael Dörflinger

Peugeot 161 „Quadrillette"

Die beiden Sitze waren hintereinander angeordnet. Hier erkennt man sehr schön die Gasflasche, die den Scheinwerfer versorgte. Bild: Peugeot Deutschland GmbH

Peugeot hat von Beginn an vor allem auf dem Markt der Kleinwagen seine Meriten erworben. Dies setzte sich in den 20er-Jahren mit der Quadrillette fort. Die sich nicht groß voneinander unterscheidenden Modelle 161 und 172 wurden zwischen 1921 und 1929 gebaut. Um ein Differenzial zu sparen, wurde der Wagen so schmal gebaut, dass die beiden Insassen versetzt hintereinander Platz nehmen mussten. Der Vierzylinder-Motor hatte gerade mal 667 Kubik. Die Wagen wurden in Beaulieu nahe Audincourt gebaut, wo ein Neffe bis 1910 Autos der Marke Lion-Peugeot hergestellt hatte.

Peugeot 161. Bild: Peugeot Deutschland GmbH

TECHNISCHE DATEN

Bauzeit	1921–1922
Motor	Reihenmotor
Stückzahl	3500
Leistung	10 PS
Hubraum	667 ccm
Zylinder	4
Höchstgeschwindigkeit	60 km/h
Gewicht	350 kg
Verbrauch	5 l/100 km

38 Horch 10 M 20 (10/35 PS)

Auch in der Türkei war der Horch 10 M 20 ein beliebtes Importgut. Bild: Audi AG

Horch hatte vor dem Ersten Weltkrieg Oberklassefahrzeuge gebaut. Diesen Trend setzte 1921 das erste Nachkriegsmodell fort. Der 10 M 20 war von Arnold Zoller konstruiert worden, dem schweizerischen Oberingenieur der Berliner Argus Motoren-Gesellschaft. Argus war beim Zwickauer Autobauer beteiligt. Das nicht gerade schnelle Auto wurde 1924 durch eine Version mit stark verbessertem Motor abgelöst. Markenzeichen der Fahrzeuge von Horch war ihre geknickte Kühlerverkleidung. In 40 Jahren waren gerade mal 18.000 Autos bei Horch gebaut worden.

TECHNISCHE DATEN

Bauzeit	1921–1924
Motor	Reihenmotor
Stückzahl	2300
Leistung	35 PS
Hubraum	2612 ccm
Zylinder	4
Höchstgeschwindigkeit	80 km/h
Gewicht	1300 kg
Verbrauch	15 l/100 km

39 Tatra 11

Der Tatra 11 nahm viele Konstruktionsprinzipien des späteren Käfer vorweg. Bild: Tatra

Der Österreicher Hans Ledwinka gilt als einer der bedeutendsten Automobilkonstrukteure der Welt. Ein Meisterstück lieferte er mit dem Tatra 11 ab. Dessen Basis bildet ein erstmals im Autobau verwendeter Zentralrohrrahmen, auf dem die Aufbauten ruhen. Der Boxermotor hatte bei Tatras Vorgänger Nesselsdorf bereits eine lange Tradition. Beim Tatra 11 wurde er über der Vorderachse eingebaut. Eine weitere Sensation war die angetriebene Hinterachse aus zwei beweglichen Halbachsen, die Pendel-Schwingachse. Leider blieb Ledwinkas Typ 11 der Außenwelt so gut wie verborgen. Sein Nachteil war, dass er bei Tatra nicht mit großen Verkaufszahlen rechnen konnte.

TECHNISCHE DATEN

Bauzeit	1923–1926
Motor	Boxermotor
Stückzahl	3545
Leistung	12 PS
Hubraum	1056 ccm
Zylinder	2
Höchstgeschwindigkeit	70 km/h
Gewicht	680 kg
Verbrauch	9 l/100 km

Audi Typ M

40

Diese luxuriöse Pullman-Limousine mit Sechszylinder-Motor war für Käufer der Oberklasse gedacht, konnte sich aber auf dem Markt gegenüber Mercedes oder Horch nicht durchsetzen. Das Auto war letztlich den Kunden zu teuer. Audi geriet in eine schwere Krise,

Der Typ M hatte den beeindruckenden Radstand von 3.750 Millimetern. Bild: Audi AG

TECHNISCHE DATEN

Bauzeit	1924–1927
Motor	Reihenmotor
Stückzahl	227
Leistung	70 PS
Hubraum	4655 ccm
Zylinder	6
Höchstgeschwindigkeit	120 km/h
Gewicht	2500 kg
Verbrauch	k.A.

weil auch die anderen Modelle nicht einschlugen. Der Motor mit oben liegender Nockenwelle hatte lediglich 18 Steuer-PS, gab aber eigentlich eine Leistung von 70 PS ab. Das zeigt, wie weit der Vorsprung durch Technik der Motorentwicklung in den goldenen Zwanzigern bereits gediehen war.

Bugatti Typ 35 B

41

Ettore Bugatti war nicht nur künstlerisch vorbelastet, sondern er war ein hervorragender Techniker, der auch einige Zeit bei Deutz in der Motorentwicklung tätig war. 1924 baute er den Typ 35, der zum erfolgreichsten Rennwagen seiner Zeit wurde. Die B-Version

Dieser Bugatti 35 B wurde 1925 gebaut. Hier befährt er den Nürburgring. Bild: Lothar Spurzem

TECHNISCHE DATEN

Bauzeit	1924–1930
Motor	Reihenmotor
Stückzahl	200 (beide Modelle)
Leistung	140 PS
Hubraum	2261 ccm
Zylinder	8
Höchstgeschwindigkeit	215 km/h
Gewicht	750 kg
Verbrauch	k.A.

hatte einen größeren Motor mit Roots-Gebläse. Damit gewann der 35 die meisten Rennen seiner Zeit und machte Bugatti berühmt. Die Karosserie war auf einen Leiterrahmen aufgebaut. Die vier Trommelbremsen wurden über Seilzüge bedient. Sein Nachfolger war der Typ 43.

42 Hanomag 2/10 PS „Komissbrot“

Die Hannoversche Maschinenbau AG, kurz Hanomag, ist vor allem für Baufahrzeuge und Traktoren bekannt. Das Unternehmen stellte aber von 1925 bis 1940 auch Automobile her. Der Einstieg in die Pkw-Branche

▶ **Wussten Sie schon?**

Hanomag baute Autos, Lastwagen, Lokomotiven, Militärfahrzeuge, Panzer, Baufahrzeuge und Traktoren.

Ein Scheinwerfer genügte. Bild: Michael Dörflinger

TECHNISCHE DATEN

Bauzeit	1925–1928
Motor	Otto-Viertaktmotor
Stückzahl	15775
Leistung	10 PS
Hubraum	502 ccm
Zylinder	1
Höchstgeschwindigkeit	60 km/h
Gewicht	370 kg
Verbrauch	5 l/100 km

begann mit dem 2/10 PS, der zugleich der erste in Deutschland auf dem Fließband gefertigte Kleinwagen war. Wegen der einfachen Bauweise und Ausstattung erhielt das Modell den Spitznamen „Komissbrot“. Auch mit Sprüchen wie „zwei Kilo Blech, ein Kilo Lack, fertig ist der Hanomag“ wurde der 2/10 PS kommentiert.

Mit dem „Komissbrot“ begann die Pkw-Produktion bei Hanomag. Ein Wiedereinstieg in die Branche nach dem Zweiten Weltkrieg misslang. Bild: Michael Dörflinger

Mercedes-Benz 630

43

Der 630 ist eine Konstruktion von Ferdinand Porsche aus seiner Zeit bei Daimler. Das Fahrzeug wurde 1924 noch als Mercedes 24/100/140 PS bezeichnet, nach dem Zusammenschluss mit Benz benannte man das Modell in 630 um. Es gab noch eine Version mit kürzerem Radstand, die das Kürzel „K" angehängt bekam. Dieses luxuriöse Fahrzeug mit einer Karosserie des noblen Pariser Herstellers Saoutchik wurde gerne als Staatskarosse verwendet. Der Sechszylinder-Motor verfügte über ein zuschaltbares Roots-Gebläse zur Erhöhung der Leistung. Das machte den 630 zum schnellsten Serienwagen seiner Zeit. Seine Nachfolger waren der berühmte „Große Mercedes" 770 und der legendäre SSK.

▶ Wussten Sie schon?

Neben dem großen Stern als Kühlerfigur hatte der Mercedes-Benz 630 auch am Knickkühler zwei Sterne.

TECHNISCHE DATEN

Bauzeit	1926–1929
Motor	Reihenmotor M 06
Stückzahl	1230
Leistung	160 PS
Hubraum	6240 ccm
Zylinder	6
Höchstgeschwindigkeit	145 km/h
Gewicht	3300 kg
Verbrauch	25 l/100 km

Der Mercedes 630 war der schnellste Serienwagen seiner Zeit. Bild: Daimler AG

44 Dixi 3/15 DA 1

Dieser in Nürnberg/Fürth zugelassene Dixi 3/15 machte um 1930 im Österreich-Urlaub Station.
Bild: Christoph Schmidt/ Archiv Alexander Mayer

Das weitaus bekannteste Modell der Fahrzeugfabrik Eisenach war der Dixi 3/15 DA. Das DA steht für „Deutsche Ausführung“. Damit war die Position des Lenkrads auf der linken Seite gemeint. Ursprünglich befand sich beim Dixi 3/15 das Lenkrad rechts, denn dieses Modell war nichts anderes als ein Lizenznachbau des englischen Austin Seven, eines der beliebtesten Pkw im britischen Empire. 1928 wurde dann das DA-Modell eingeführt. Im gleichen Jahr hatte BMW die Firma Dixi übernommen. Der Dixi 3/15 wurde noch bis 1929 unverändert weitergebaut und dann in mehreren Punkten verbessert. Der Dixi war ein idealer Kleinwagen für den Mittelstand, der sich kein repräsentatives Fahrzeug leisten konnte. Für BMW bedeutete die Übernahme der Firma Dixi den Einstieg in den Autobau. Die Fahrzeuge wurden weiterhin in Eisenach gefertigt.

TECHNISCHE DATEN

Bauzeit	1927–1929
Motor	Reihenmotor
Stückzahl	9307
Leistung	15 PS
Hubraum	748 ccm
Zylinder	4
Höchstgeschwindigkeit	75 km/h
Gewicht	440 kg
Verbrauch	6 l/100 km

45

Rover Light Six

Das in Coventry ansässige Unternehmen Rover brachte 1904 sein erstes Auto auf den Markt. Der Rover 14/45 Light Six war mit einem sechszylindrigen Zwei-Liter-Motor ausgestattet und konnte eine Geschwindigkeit von 97 Stundenkilometern erreichen. 1930 machte der Light Six Schlagzeilen, als er

Dieser Light Six erhielt des Beinamen „Blue Train", weil er das Rennen gegen den „Blauen Zug" gewann. Bild: Milborne One

ein Rennen gegen den zwischen Calais und Südfrankreich verkehrenden „Blauen Zug" gewann. Auf seiner ungefähr 1.200 Kilometer langen Fahrt fuhr der Rover 61 Kilometer pro Stunde.

TECHNISCHE DATEN

Bauzeit	1927–1932
Motor	Reihenmotor
Stückzahl	8000
Leistung	45 PS
Hubraum	2023 ccm
Zylinder	6
Höchstgeschwindigkeit	97 km/h
Gewicht	k.A.
Verbrauch	k.A.

46

Bugatti Typ 41 Royale

Dieser Wagen war vielleicht das Verrückteste, was Ettore Bugatti eingefallen ist. Beinahe wäre er mit dem „Königlichen" in den Abgrund gefahren. Der Typ 41 sollte der Luxuswagen schlechthin sein. Als Antriebsquelle

Ettore Bugatti vor seinem T 41 „Royale". Nur sechs Exemplare dieses Luxustraums wurden gebaut.

diente ein Achtzylinder mit einem Hubraum von 12,7 Litern. Dadurch wurde eine Leistung von damals gigantischen 300 PS erreicht. Doch in der Weltwirtschaftskrise wurden auch die Superreichen geizig. Bugatti konnte gerade mal sechs Exemplare der bis zu 6,5 Meter langen Schönheiten verkaufen.

TECHNISCHE DATEN

Bauzeit	1927–1933
Motor	Reihenmotor
Stückzahl	6
Leistung	300 PS
Hubraum	12736 ccm
Zylinder	8
Höchstgeschwindigkeit	200 km/h
Gewicht	3200 kg
Verbrauch	40 l/100 km

47 Duesenberg Model J Convertible Coupe

Cabrio mit Rennmotor. Bild: Newspress Ltd.

In den USA gehört der Duesenberg Model J zu den großen automobilen Legenden. Er wurde ab 1928 gebaut und sprengte alle Grenzen. Ähnlich wie Bugatti in Europa wollten die Brüder Duesenberg das schnellste, größte und teuerste Auto der Welt bauen. Damals waren 265 PS in der Tat enorm, auch die Höchstgeschwindigkeit von 180 km/h beeindruckte, ebenso wie der Preis. Der Achtzylinder-Reihenmotor des Model J stammte aus den Rennwagen, die Duesenberg in den Zwanzigern einsetzte.

TECHNISCHE DATEN

Bauzeit	1928-1937
Motor	Reihenmotor
Stückzahl	472
Leistung	265 PS
Hubraum	6876 ccm
Zylinder	8
Höchstgeschwindigkeit	180 km/h
Gewicht	2390 kg
Verbrauch	k.A.

48 DKW P 15

Nach dem Misserfolg mit einem Dampfwagen 1917 war der P 15 das erste DKW-Auto. Bild: M. Dörflinger

Mit diesem Modell trat der Zschopauer Motorradhersteller DKW in den deutschen Kraftfahrzeugbau ein. Seine Besonderheit war der Zweitaktmotor, der aus der Motorradfertigung stammte. Dieser war bisher schon in Wagen des Berliner Herstellers Slaby-Beringer verbaut worden. Das Auto war recht laut und die Aufbauten, die abgesehen von Motorhaube und Kotflügeln vor allem aus Holz und Kunstleder bestanden, waren alles andere als haltbar. Das Dreigang-Getriebe erlaubte Geschwindigkeiten bis 80 km/h. 1930 wurde eine verbesserte Variante unter dem Namen PS 600 Sport vorgestellt.

TECHNISCHE DATEN

Bauzeit	1928–1929
Motor	Zweitakt-Reihenmotor
Stückzahl	ca. 2000 (zusammen mit PS 600 Sport)
Leistung	15 PS
Hubraum	584 ccm
Zylinder	2
Höchstgeschwindigkeit	80 km/h
Gewicht	530 kg
Verbrauch	10 l/100 km

In der Ausführung als Pullman-Limousine hatte dieses Exemplar mit Dunlop-Bereifung in der Hauptstadt Berlin sicher staatsmännische Aufgaben. Bild: Audi AG

49

Horch 8 Typ 350

1928, ein Jahr vor dem „schwarzen Freitag", war die Welt noch in Ordnung. Horch konnte deshalb mit seinem schweren Achtzylinder-Modell 350 der Baureihe 8 auf gute Erträge hoffen. Über 2.800 Mal klappte das auch ganz gut. Die aufwendig gebauten Motoren besaßen zwei oben liegende Nockenwellen, die von einer Königswelle angetrieben wurden. Mit diesem Vier-Liter-Motor wurden parallel und in den folgenden Jahren noch einige technisch ziemlich gleiche Modelle herausgegeben. Horch suchte und fand seine Käufer in der gutsituierten, eher konservativen Oberklasse. Der Typ 350 war bis 1930 erhältlich, Wagen dieser Baureihe 8 wurden bis 1935 gebaut. Das Modell gab es in verschiedenen Ausführungen, so als Pullman-Limousine oder als Roadster.

▶ Wussten Sie schon?

Als August Horch eine neue Firma gründete, übersetzte er einfach seinen Namen ins Lateinische: Audi.

TECHNISCHE DATEN

Bauzeit	1928–1930
Motor	Reihenmotor
Stückzahl	2849
Leistung	80 PS
Hubraum	3950 ccm
Zylinder	8
Höchstgeschwindigkeit	100 km/h
Gewicht	2100 kg
Verbrauch	19 l/100 km

50 Mercedes-Benz SSK (W 06 II)

Etwa 33.000 Reichsmark musste man 1928 für einen SSK hinlegen. Zum Vergleich: Der Hanomag „Komissbrot" lag bei nur 2.000 Reichsmark. Die Marke mit dem Stern verkaufte bei diesem Preis nur 33 Stück, doch sieht man die Medienpräsenz, könnte man meinen, es müssen Tausende gewesen sein. SSK bedeutet „Supersport kurz". Dieser Wagen war nämlich eine Ableitung des SS mit kürzerem Radstand. Es gab verschiedene Motorisierungen mit oder ohne Kompressor bei einem Hubraum von sagenhaften sieben Litern. Der SSK gewann viele Autorennen. Seine bekanntesten Fahrer waren die Vorkriegsidole Rudolf Caracciola und Manfred von Brauchitsch. Eine noch sportlichere Variante war der leichtere SSKL, von dem aber nur eine Handvoll gefertigt wurde.

Wussten Sie schon?

Am 11. Mai 1930 war Rudolf Caracciola am Start des Prager Bergrennens mit einem SSK. Er siegte mit Sportwagen-Streckenrekord.

TECHNISCHE DATEN

Bauzeit	1928–1932
Motor	Reihenmotor M 06
Stückzahl	35
Leistung	200 PS
Hubraum	7065 ccm
Zylinder	6
Höchstgeschwindigkeit	185 km/h
Gewicht	1700 kg
Verbrauch	27 l/100 km

Studioaufnahme des SSK. Dieser Wagen war in den letzten Jahren der Weimarer Republik eine Legende. Bild: Daimler AG

Wanderer W 11

Die Firma Wanderer aus Chemnitz stellte ab 1885 Fahrräder her. Nach der Jahrhundertwende kamen Motorräder hinzu, der Einstieg in die Kfz-Produktion erfolgte eher zögerlich. 1913 wurde der erste Serienwagen ausgeliefert. Die große Zeit von Wanderer lag in der Weimarer Republik. Die Fahrzeuge hatten den Ruf hervorragender Fertigungsqualität und außerordentlicher Zuverlässigkeit, waren aber recht teuer. 1932 schloss sich das Unternehmen mit DKW, Audi und Horch zur Auto Union zusammen. Als deren Nachfolger führt die heutige Audi AG das Erbe des sächsischen Herstellers fort. Der W 11 war ein technisch konventionell gebauter Wagen der oberen Mittelklasse, der in verschiedenen Ausführungen von der Limousine bis zum Roadster angeboten wurde. 1930 erhielt er in einem Facelifting einen vierten Gang und war 1932 einer der ersten Fahrzeugtypen in Deutschland, die eine moderne Rosslenkung von ZF bekamen. Die Deutsche Wehrmacht ließ bereits ab 1933 bei mehreren Firmen die so genannten „Kübelwagen" bauen. Bei Wanderer entstanden diese Fahrzeuge auf Grundlage des W 11.

▶ Wussten Sie schon?
Im letzten Baujahr des W 11 gehörte die Chemnitzer Firma Wanderer bereits zur Auto Union.

TECHNISCHE DATEN

Bauzeit	1928–1933
Motor	Reihenmotor
Stückzahl	ca. 5200
Leistung	50 PS
Hubraum	2540 ccm
Zylinder	6
Höchstgeschwindigkeit	90 km/h
Gewicht	1350 kg
Verbrauch	15 l/100 km

Glamour und Luxus der „goldenen" Zwanziger verkörpern die Wagen von Wanderer. Bild: Audi AG

52 Chevrolet International AC Coupé

Verglichen mit den Vorgängermodellen, hatte der International AC Coupé ein moderner wirkendes Design erhalten. Bild: Michael Dörflinger

Der International AC wurde 1929 gebaut und von Chevrolet mit dem Slogan „ein Sechser für den Preis eines Vierers“ angeboten. Damit war gemeint, dass dieses Sechszylinder-Modell nicht mehr kostete als ein Vierzylinder, aber mit mehr Leistung aufwarten konnte. Der International AC Coupé verkaufte sich sehr gut und war in mehreren Varianten erhältlich.

TECHNISCHE DATEN

Bauzeit	1929–1929
Motor	Reihenmotor
Stückzahl	1.328.605
Leistung	46 PS
Hubraum	3179 ccm
Zylinder	6
Höchstgeschwindigkeit	k.A.
Gewicht	985 kg
Verbrauch	12,4 l/100 km

53 BMW 3/15 DA 3 Wartburg

Den BMW 3/15 DA 3 wurde nur als zweisitziger Roadster angeboten. Er wurde nur als Roadster angeboten. Bild: BMW AG

Als BMW mit der Übernahme der Fahrzeugfabrik Eisenach in den Automobilbau einstieg, wurde der Dixi der Thüringer zunächst weitergebaut. Allerdings kam es zu einigen Überarbeitungen. Eine davon war der als „Wartburg“ bekannte 3/15 DA 3. Er wurde zum ersten BMW-Rennwagen und konnte in Wettbewerben einige Erfolge erzielen. Die Leistungssteigerung von 18 gegenüber den 15 PS des Standardmodells wurde durch eine höhere Verdichtung erreicht. Außerdem bekam der „Wartburg“ eine Doppelauspuffanlage. So ausgestattet, erreichte er 85 km/h.

TECHNISCHE DATEN

Bauzeit	1929–1932
Motor	Reihenmotor
Stückzahl	150
Leistung	18 PS
Hubraum	749 ccm
Zylinder	4
Höchstgeschwindigkeit	85 km/h
Gewicht	410 kg
Verbrauch	6,5 l/100 km

54 Renault Reinastella

Mit diesem Auto eröffnete Louis Renault, der selbst für das Design verantwortlich zeichnete, die Stern-Serie hochklassiger Luxusautos. Der 7,1-Liter-Achtzylinder setzte Akzente und war der erste Achtzylinder von Renault. Auch die Länge von fast fünfeinhalb Metern beeindruckte die Automobilisten. Sehr viele Bauteile wurden aus Aluminium gefertigt, was das Leistungsgewicht verbesserte. Leider verdarb die Wirtschaftskrise den Franzosen etwas das Geschäft.

Erstmals verbaute Renault in diesem Wagen einen Achtzylinder-Motor. Bild: Renault

TECHNISCHE DATEN

Bauzeit	1929–1933
Motor	Reihenmotor
Stückzahl	k.A.
Leistung	101 PS
Hubraum	7125 ccm
Zylinder	8
Höchstgeschwindigkeit	135 km/h
Gewicht	2400 kg
Verbrauch	k.A.

55 Rolls-Royce Phantom II

Als Phantom wurden ab 1925 bei Rolls-Royce die größeren Modelle bezeichnet. Der Nachfolger des ersten Phantom war der Phantom II, der 1929 vom Stapel lief. Angetrieben wurde das Luxus-Vehikel von einem Sechszylinder-Motor mit einem satten Hubraum von 7,7 Litern. Die Entwicklung des Phantom II war von F. Henry Royce noch persönlich geleitet worden. Zusätzlich zu der Standardversion wurde auch eine sportlichere Continental-Version angeboten. Natürlich gab es den Phantom II auch in verschiedenen Karosserie-Ausführungen.

Die Karosserie dieses Phantom II stammt von dem bekannten Karosseriebauer Hooper. Bild: Rolls-Royce Motor Cars Ltd.

TECHNISCHE DATEN

Bauzeit	1929–1935
Motor	Reihenmotor
Stückzahl	1680
Leistung	120 PS
Hubraum	7668 ccm
Zylinder	6
Höchstgeschwindigkeit	135 km/h
Gewicht	1728 kg
Verbrauch	15,2 l/100 km

56 Rolls-Royce 20/25 hp

Der 20/25 hp wurde 1929 in das Produktionsprogramm aufgenommen. Er löste den in die Jahre gekommenen 20 hp ab. Trotz seines üppigen Sechszylinder-Motors und seiner 50 PS Leistung stellte das Modell die untere Klasse der damaligen Rolls-Royce-Modelle dar – das „Einstiegsmodell“, wenn man so will. Der starke Motor ermöglichte im Vergleich mit dem Vorgängermodell eine verbesserte Beschleunigung und eine höhere Geschwindigkeit. Weiterhin bekam der Kunde von Rolls-Royce nur die Plattform. Die Karosserie wurde von eigenen Karosseriebauern nach den Wünschen der Kunden hergestellt. In der Regel verlangten die gesetzten englischen Gentlemen eine Pullman-Limousine. Der 20/25 hp wurde zum meistverkauften Rolls-Royce-Modell der Zeit zwischen den Weltkriegen. Sein Nachfolger 25/30 hp bekam einen noch größeren Motor mit 4,3 Litern Hubraum.

▶ **Wussten Sie schon?**

Der Rolls-Royce 20/25 hp war in einigen Filmen zu sehen, etwa in „Indiana Jones und der letzte Kreuzzug“.

Der 20/25 hp wurde vor allem in geschlossener Bauweise gefertigt. Bild: Thesupermat

TECHNISCHE DATEN

Bauzeit	1929–1936
Motor	Reihenmotor
Stückzahl	3827
Leistung	50 PS
Hubraum	3699 ccm
Zylinder	6
Höchstgeschwindigkeit	121 km/h
Gewicht	1087 kg
Verbrauch	k.A.

Vom 20/25 hp gab es Ausführungen als Coupé, Limousine, Pullman-Linousine und Cabriolet. Bild: Rolls-Royce Motor Cars Ltd.

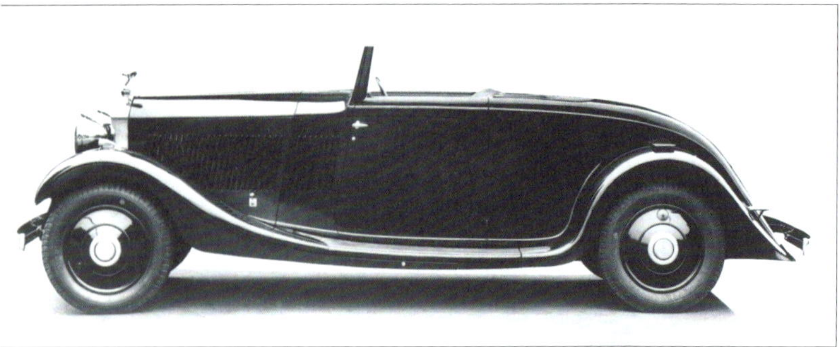

Peugeot 201

Dieser Peugeot war der erste mit der Null in der Mitte seines Namens. Bild: Peugeot Deutschland GmbH

Mit diesem Modell begann ein Mythos: Ab jetzt bekamen alle Modelle von Peugeot in der Mitte eine Null. Wie das „Bébé" im ersten und die „Quadrillette" im zweiten, so beherrschte der 201 das dritte Jahrzehnt des letzten Jahrhunderts. Dieses sehr erfolgreiche Modell gab es in verschiedenen Ausführungen, so als viertürige Limousine und als Cabriolet. Der Motor wurde im Laufe der Baugeschichte zweimal vergrößert, so dass der 201 am Ende sogar 35 PS hatte. Besonders prestigeträchtig war der Sieg eines 201 bei der berühmten Monte-Carlo-Rallye im Jahr 1932. Das konnte in jenen Jahren ein Auto mit 80 km/h Spitze noch schaffen. Im gleichen Jahr erhielt das Modell mit dem 301 einen größeren Bruder.

▶ Wussten Sie schon?
Auch als schickes Cabriolet wurde Peugeots Kassenschlager der 1930er-Jahre in einigen Exemplaren gebaut.

TECHNISCHE DATEN

Bauzeit	1929–1937
Motor	Reihenmotor
Stückzahl	142309
Leistung	23 PS
Hubraum	1122 ccm
Zylinder	4
Höchstgeschwindigkeit	80 km/h
Gewicht	840 kg
Verbrauch	8 l/100 km

58 Steyr XXX (Steyr 30)

Die Anfänge dieses Modells des österreichischen Autobauers gehen auf Ferdinand Porsche in seiner kurzen Zeit bei Steyr zurück. Dank hinterer Schwingachse, modernem Motor mit hängenden Ventilen und Kurbelgehäuse aus Silumin präsentierte sich der in konservativem Design daherkommende Steyr 30 sehr fortschrittlich. Es gab ihn als Doppelphaeton, Limousine und als Luxus-Cabrio. Außerdem gab es eine eigene Taxiversion, den Steyr 30 Typ 45 Taxameter. Wegen der Weltwirtschaftskrise fand der Wagen kaum Käufer.

▶ **Wussten Sie schon?**

Wer bei der Reise übernachten musste, konnte die Sitze in Liegeposition umklappen und gewann zwei Schlafplätze.

Auch Schlafen war möglich. Bild: Slg. Dörflinger

TECHNISCHE DATEN

Bauzeit	1930–1931
Motor	Reihenmotor
Stückzahl	2200
Leistung	40 PS
Hubraum	2065 ccm
Zylinder	6
Höchstgeschwindigkeit	90 km/h
Gewicht	1190 kg
Verbrauch	14 l/100 km

Elegant im klassischen Stil war der Doppelphaeton des Steyr 30. Bild: Sammlung Dörflinger

Der „Zeppelin“ bekam seinen Namen deshalb, weil Maybach darauf hinweisen wollte, das seine Motoren aus dem der Zeppeline entwickelt wurden. Bild: Daimler AG

59

Maybach Zeppelin DS 8

Maybach lieferte in den Jahren vor dem Zweiten Weltkrieg entweder komplette Wagen oder nur das Fahrwerk, auf dem der Kunde bei der Karosseriefirma seines Vertrauens sein individuelles Design in Auftrag geben konnte. Der Zeppelin DS 8 ist eines der klassischen, wenig gekauften Luxusfahrzeuge der 1930er-Jahre. Schon der V12-Leichtmetall-Motor mit acht Litern Hubraum war etwas ganz Besonderes. Dazu gehörte weiter zunächst ein Schnellgang-Getriebe, ab 1938 ein von Maybach selbst entwickeltes Schaltregler-Getriebe mit acht Vorwärtsgängen. Maybach hatte für die Friedrichshafener Nachbarn aus der Luftfahrtbranche die Motoren für ihre Zeppeline gebaut. Aus diesem Grund bekam der Wagen seinen Beinamen. Doch verwies der Name auch auf den großen Luxus, den der DS 8 zu bieten hatte. Der Käufer bekam ein besonders repräsentatives Automobil, das aber auch leistungsmäßig Akzente setzte. 170 km/h waren möglich.

▶ Wussten Sie schon?

Ein Blick in den Innenraum dieses Luxusmobils zeigt den gediegenen Glanz des fahrenden Zeppelin.

TECHNISCHE DATEN

Bauzeit	1930–1937
Motor	V12-Leichtmetall-Motor
Stückzahl	ca. 200 (mit Typ 12 und DS 7)
Leistung	200 PS
Hubraum	7973 ccm
Zylinder	12
Höchstgeschwindigkeit	170 km/h
Gewicht	2800 kg
Verbrauch	28 l/100 km

60 Mercedes-Benz 770 (W 07)

Als das „beste Auto der Welt" wurde in der Zeit vor dem Zweiten Weltkrieg der Mercedes-Benz 770 bezeichnet – und er war auch eines der teuersten. Die Pullman-Limousine kostete 41.000 Reichsmark, das Cabrio sogar 47.500. Der „Große Mercedes" vereint viele herausragende Konstruktionen von Altmeister Hans Nibel, der schon den Blitzen-Benz von 1909 entworfen hatte. Das Fahrzeug war ohne oder mit Kompressor erhältlich. Die gegebenen Daten stammen vom Kompressor-Modell. Der 770 hatte riesige Abmessungen. Er war 5,6 Meter lang und 1,8 Meter hoch. Der Kühler war schon einen Meter hoch. Der 770 wurde fast ausschließlich als Staatskarosse gebaut. Für die vielen Regierenden und andere wichtige Leute gab es Sicherheitseinrichtungen wie fingerdickes Glas oder Panzerung in Türen und Dach.

▶ Wussten Sie schon?

Der ehemalige deutsche Kaiser Wilhelm II., den wir schon als Mercedes-Fan kennengelernt haben, hat privat auch einen „Großen Mercedes" besessen, den sonst meist amtierende Regierungsträger bezogen.

TECHNISCHE DATEN

Bauzeit	1930–1938
Motor	M 07 K Reihenmotor
Stückzahl	117
Leistung	150 PS
Hubraum	7655 ccm
Zylinder	8
Höchstgeschwindigkeit	160 km/h
Gewicht	2700 kg
Verbrauch	29 l/100 km

Diese Pullman-Limousine des Modells 770 war eine Spezialanfertigung für den japanischen Tenno aus dem Jahr 1935. Bild: Daimler AG

Dieser Roadster von Lincoln gehörte zu den Legenden der 1930er-Jahre. Bild: Ford Motor Company

61

Lincoln K Roadster

Im Jahr 1931, als die Weltwirtschaftskrise noch längst nicht überwunden war, brachte Ford die Lincoln K-Series heraus. Dieses Luxusgeschöpf hatte einen V8-Motor, optional auch einen V12 und wurde in verschiedenen geschlossenen Varianten, aber auch als Cabriolet und – wie hier – als Roadster angeboten. Die Leistung der K-Series lag zwischen 120 und 150 PS. 1939 endete die Zeit dieser Baureihe, doch Präsident Roosevelt erhielt 1942 noch ein Einzelstück. Nachfolger war der etwas kleiner dimensionierte Continental.

▶ Wussten Sie schon?

Lincoln ist die Premium-Marke von Ford. Sie wurde nach dem US-Präsidenten Abraham Lincoln benannt.

Lincoln K als Town Car. Bild: Ford Motor Company

TECHNISCHE DATEN

Bauzeit	1931-1939
Motor	V12-Motor
Stückzahl	15697 (alle K-Serie)
Leistung	150 PS
Hubraum	6800 ccm
Zylinder	12
Höchstgeschwindigkeit	k.A.
Gewicht	k.A.
Verbrauch	k.A.

62

Audi Typ P

Die schwer angeschlagene Firma Audi wurde Ende der 1920er-Jahre von DKW übernommen. Als Marke blieb Audi allerdings erhalten. 1931 wurde in Zwickau eine Kleinlimousine gebaut, die weitgehend dem Zweitakter P 4=8 von DKW entsprach, allerdings einen Viertakt-Motor besaß. Da sich der Verkauf nicht als zufrieden stellend erwies, wurde bereits im gleichen Jahr die Fertigung eingestellt. Er war der letzte Audi-Typ vor der Vereinigung von DKW, Audi, Horch und Wanderer zur Auto Union. In den Audi-Werken wurden fortan Modelle von DKW produziert.

▶ **Wussten Sie schon?**

Die heute als Markenzeichen von Audi bekannten vier Ringe waren ursprünglich das Logo der Auto Union.

TECHNISCHE DATEN

Bauzeit	1931
Motor	Reihenmotor
Stückzahl	327
Leistung	30 PS
Hubraum	1122 ccm
Zylinder	4
Höchstgeschwindigkeit	80 km/h
Gewicht	750 kg
Verbrauch	8 l/100 km

Der Typ P entsprach einem DKW-Modell, hatte aber einen Viertakt-Motor. Bild: Audi AG

Mercedes-Benz 370 S (W 10)

63

Dieses Modell geht auf eine Konstruktion von Porsche zurück und wurde von Hans Nibel überarbeitet. Der Typ 370 wurde 1931 dem kleineren Typ 350 von 1929 zur Seite gestellt. Beide hatten Sechszylinder-Motoren, der 370 allerdings mehr Hubraum. Die Eleganz

Der „Mannheim" 370 S war für Filmstars und Promis ein Muss. Bild: Michael Dörflinger

dieses Fahrzeugs machte ihn zum Traumauto Vieler und begeistert noch heute. Mit 115 km/h war es nicht gerade flott, obwohl die Dreigangschaltung einen zusätzlichen Schnellgang aufbot.

TECHNISCHE DATEN

Bauzeit	1931–1933
Motor	MS 10 Reihenmotor M 10
Stückzahl	183
Leistung	78 PS
Hubraum	3686 ccm
Zylinder	6
Höchstgeschwindigkeit	115 km/h
Gewicht	1550 kg
Verbrauch	18,5 l/100 km

Voisin C23

64

Flugpionier Gabriel Voisin trat ab 1919 auch als Erbauer interessanter Automobile hervor, deren Design von Le Corbusier beeinflusst war. Seine Motoren arbeiteten nach dem System Knight mit Schiebern, die die Ventile ersetzten. Diese Bauart verminderte die Geräusch-

Unterkühlte, eher englische Noblesse strahlte der C23 von Voisin aus. Bild: Simon Davison

entwicklung. Der C23 war eine kompakte Limousine im oberen Preissegment. Die recht hohe Endgeschwindigkeit von 130 km/h sah man diesem Fahrzeug nicht an.

TECHNISCHE DATEN

Bauzeit	1931–1936
Motor	Knight-Reihenmotor
Stückzahl	k.A.
Leistung	90 PS
Hubraum	2994 ccm
Zylinder	6
Höchstgeschwindigkeit	130 km/h
Gewicht	1400 kg
Verbrauch	k.A.

65

BMW 3/20 AM 4

Der 3/20 AM 4 in der Version als zweitürige Limousine. Bild: Michael Dörflinger

1928 war BMW mit dem Kauf der Fahrzeugfabrik Eisenach in die Herstellung von Automobilen eingestiegen. Das Dixi-Modell 3/15 PS wurde bis 1932 weitergebaut, dann kam es zum ersten eigenen BMW-Modell. Die vierte Bauversion dieses Wagens hieß 3/20 AM 4, wobei „AM" für „Automobilkonstruktion München" stand. Er hatte Einzelradaufhängung und hinten eine Schwingachse. Der Motor hatte hängende Ventile und eine Wasserpumpe.

TECHNISCHE DATEN

Bauzeit	1933–1934
Motor	Reihenmotor
Stückzahl	7215
Leistung	20 PS
Hubraum	782 ccm
Zylinder	4
Höchstgeschwindigkeit	80 km/h
Gewicht	650 kg
Verbrauch	7,5 l/100 km

66

Lagonda M 45 Tourer

Für seine sportliche Leistungsfähigkeit fand der M45 Anerkennung. Der kommerzielle Erfolg fiel jedoch gering aus. Bild: Aston Martin

Lagonda war ein britisches Unternehmen, das von einem amerikanischen Emigranten, dem ehemaligen Opernsänger Wilbur Gunn gegründet und nach einem kleinen Fluss in Ohio benannt wurde. Der mit einem Sechszylinder-Motor ausgestattete M45 Tourer erschien 1933. Mit seinen 120 PS erreichte er eine Höchstgeschwindigkeit von 155 Stundenkilometern. Der Hubraum lag bei 4,5 Litern. Eine andere Ausführung des Modells, der M45 Rapide, gewann 1935 das 24-Stundenrennen von Le Mans.

TECHNISCHE DATEN

Bauzeit	1933–1935
Motor	Reihenmotor
Stückzahl	410
Leistung	120 PS
Hubraum	4467 ccm
Zylinder	6
Höchstgeschwindigkeit	155 km/h
Gewicht	1676 kg
Verbrauch	k.A.

Panhard & Levassor 6 DS RL-N Spécial

67

Panhard & Levassor beeindruckte in den Dreißigern mit Modellen wie dem 6 DS RL-N Spécial „Panoramique" (rechts in Versailles). Bild: Sammlung Dörflinger

Nachfolgemodell Dynamic. Bild: Alf van Beem

Die Panhards waren die ersten, die den leisen Schiebermotor des Systems Knight eingesetzt hatten. Auch in den 1930er-Jahren blieb man dieser Technik treu. Neben Lastwagen baute das Unternehmen sehr erfolgreich Pkw, so den 6 DS RL-N Spécial, der wegen seiner dreigeteilten Frontscheibe den Beinamen „Panoramique" erhalten hatte. Das 125 PS starke Fahrzeug erreichte trotz seines hohen Gewichts 144 km/h. Lediglich 142 Stück dieses exquisiten Wagens wurden gebaut. Das Chassis des 6 DS RL-N war tiefer gelegt, was für mehr Komfort beim Einsteigen sorgte. Panhard hatte sich ab 1929 voll auf luxuriöse Wagen konzentriert. Nach dem Krieg entstanden Klein- und Mittelklassewagen. 1967 wurde Panhard & Levassor von Citroën übernommen.

TECHNISCHE DATEN

Bauzeit	1934–1935
Motor	SK6D8 Reihenmotor
Stückzahl	142
Leistung	4783 ccm
Hubraum	125 PS
Zylinder	6
Höchstgeschwindigkeit	144 km/h
Gewicht	1970 kg
Verbrauch	17,2 l/100 km

68 Opel 1,2 Liter mit Holzgasgenerator

Nach dem Willen der Planer von Opel hätte aus dem 1,2-Liter-Modell der deutsche Volkswagen werden sollen. Immerhin wurden in nur kurzer Zeit über 100.000 Exemplare hergestellt. Mit dem Ausbruch des Zweiten Weltkriegs und dem Verbot von Flüssigkraftstoffen für die zivile Nutzung wurden einige dieser Fahrzeuge mit einem Holzgasgenerator nachgerüstet. Dabei wurde klein geschnittenes und getrocknetes Holz in einem Kessel verbrannt. In einem Absitzbehälter wurde das entstehende Gas für den Antrieb des Motors gesammelt. Der Reinigungsaufwand war allerdings sehr hoch.

▶ **Wussten Sie schon?**

Holzgasgeneratoren wurden in den 1920er-Jahren entwickelt, um das Autofahren vom Erdöl unabhängig zu machen.

TECHNISCHE DATEN

Bauzeit	1934–1935/1941/42
Motor	Reihenmotor
Stückzahl	101563
Leistung	23 PS
Hubraum	1193 ccm
Zylinder	4
Höchstgeschwindigkeit	85 km/h
Gewicht	900 kg
Verbrauch	9 l/100 km

Einen ungewöhnlichen Anblick bot der Holzvergaser an dem 1,2-Liter-Opel. In den Kessel wurde von oben das Holz geschichtet. Bild: Sammlung Dörflinger

Ein wunderschöner Sportwagen: der BMW 315/1 mit 40 PS. Bild: BMW AG

69

BMW 315/1

Neben der Limousine BMW 315 entstand 1934 im BMW-Werk Eisenach ein sportlicher und eleganter Roadster, also ein zweisitziges Cabrio. Die Motorleistung war gegenüber dem Standardmodell um 6 PS angehoben worden. Der sehr kompakte Sechszylinder-Motor ermöglichte eine sportliche Fahrweise. Die Karosserie bestand aus einer leichten, aber stabilen Rohrrahmenkonstruktion, wie sie bei kleineren Fahrzeugen häufig zu finden war. Da der Roadster preislich einiges über den Varianten mit 34 PS lag, wurde er nur in 230 Exemplaren gebaut. BMW öffnete sich mit diesem Modell die Klasse der Sportwagen, in der mit dem größeren BMW 328 ein echter Klassiker gelang.

TECHNISCHE DATEN	
Bauzeit	1934–1936
Motor	Reihenmotor
Stückzahl	230
Leistung	40 PS
Hubraum	1490 ccm
Zylinder	6
Höchstgeschwindigkeit	100 km/h
Gewicht	750 kg
Verbrauch	10,5 l/100 km

70 BMW 319/1 Sport

Dieses Modell gewann 1936 die Internationale Alpenrundfahrt. Bild: Michael Dörflinger

Dieser Sportwagen war ein ungewöhnliches Modell, dessen Hinterradverkleidung sofort auffällt. Als Glanzstück gilt sein 55 PS starker Sechszylinder-Reihenmotor, der in leistungsgesteigerter Version später den legendären BMW 328 antreiben sollte. Um das Aggregat ausreichend zu kühlen, wurden an den seitlichen Motorhauben ebenfalls große Lüftungsgitter angebracht. Ein Jahr später wurde dem Sportmodell auch eine Normalversion als Limousine, Tourenwagen und Cabrio zugesellt.

TECHNISCHE DATEN

Bauzeit	1934–1936
Motor	Reihenmotor
Stückzahl	178
Leistung	55 PS
Hubraum	1911 ccm
Zylinder	6
Höchstgeschwindigkeit	130 km/h
Gewicht	780 kg
Verbrauch	12 l/100 km

71 Auburn 851 Boat-tail Speedster

Der Auburn 851 Boat-tail Roadster ist eine echte Schönheit. Bild: Newspress Ltd.

Gordon Buehrig von der Auburn Automobile Company gestaltete diesen Boat-tail 851 Supercharged Speedster, der 1935 gebaut wurde. Mit einem Zentrifugallader war eine kurzzeitige Leistungserhöhung um 30 Prozent möglich. Die Spitzengeschwindigkeit lag bei 165 Stundenkilometern. Bemerkenswert ist das Chassis, das Anklänge an den Bootsbau zeigt. Besonders beliebt war der Wagen mit Reihenachtzylinder bei Hollywood-Stars. Auch Marlene Dietrich fuhr einen Speedster.

TECHNISCHE DATEN

Bauzeit	1934–1936
Motor	Reihenmotor
Stückzahl	k.A.
Leistung	150 PS
Hubraum	4585 ccm
Zylinder	8
Höchstgeschwindigkeit	165 km/h
Gewicht	1700 kg
Verbrauch	k.A.

Renault Viva Grand Sport

Man sieht sofort, dass der Wagen von einem Flugzeugkonstrukteur entworfen wurde. Dazu passte, dass eine berühmte Fliegerin für den Viva Grand Sport Werbung machte. Die Stromlinienform lag im Trend der Zeit. Eine Besonderheit dieses Wagens war, dass er Platz für drei Personen nebeneinander bot. Der Vierlitermotor lief auf sechs Zylindern. Mit diesem Sportwagen schärfte Renault sein Profil als Marke mit großer Renntradition. Neben dem Coupé stellten die Franzosen auch eine exklusive Cabrio-Version her. Der größere Bruder mit Achtzylinder-Motor hieß Renault Nerva Grand Sport. Mit dem Ausbruch des Zweiten Weltkrieges musste die Produktion eingestellt werden.

▶ Wussten Sie schon?

Louis Renault war bis zum Unfalltod seines Bruders ein begeisterter Rennfahrer. Seine Sportwagen zeugen davon.

TECHNISCHE DATEN

Bauzeit	1934–1939
Motor	Reihenmotor
Stückzahl	10782
Leistung	4085 ccm
Hubraum	95 PS
Zylinder	6
Höchstgeschwindigkeit	130 km/h
Gewicht	2000 kg
Verbrauch	0 l/100 km

Klassisch schön ist der Viva Grand Sport. Die Karosserie war stromlinienförmig gehalten. Bild: Renault

Diese Limousinenausführung des Opel Olympia besaß einen 1,3-Liter-Motor. Aber 1937 wurde ein stärkerer Motor verwendet. Bild: Sammlung Dörflinger

73 Opel 1,3 Olympia Limousine

Im Jahr 1935 stellte der Autobauer Opel aus Rüsselsheim mit dem Slogan „ein Wagen unserer Zeit" ein neues Modell vor. Die Bezeichnung „Olympia" wurde für den Wagen gewählt, da im folgenden Jahr die Olympischen Spiele in Berlin stattfanden. Das Innovative an dem Opel Olympia war die selbsttragende Ganzstahlkarosserie, mit der neue Maßstäbe im Automobilbau gesetzt wurden. Der Motor hatte anfangs einen Hubraum von 1,3 Litern. 1937 fand ein neu entwickeltes Aggregat mit einem Hubraum von 1,5 Litern Verwendung. Der Opel Olympia wurde in der stärkeren Version bis 1940 gebaut.

▶ Wussten Sie schon?

In der Zeit, als der Olympia gebaut wurde, war Opel der größte Autobauer Europas, aber nur der siebtgrößte der Welt.

TECHNISCHE DATEN

Bauzeit	1935–1937
Motor	Reihenmotor
Stückzahl	168875 (alle Varianten)
Leistung	26 PS
Hubraum	1288 ccm
Zylinder	4
Höchstgeschwindigkeit	100 km/h
Gewicht	865 kg
Verbrauch	9 l/100 km

Audi Front 225 Roadster

Dieses Modell war die zweite Generation des ersten deutschen Pkw mit Frontantrieb und Sechszylindermotor, des Front UW. Die Auto Union ließ diesen Wagen in den Produktionsstätten von Horch fertigen, verkaufte ihn aber als Audi. Der Sechszylinder-Reihenmotor stammte vom Reißbrett Ferdinand Porsches und war ursprünglich für Wanderer vorgesehen. Einige Cabrios wurden in Dresden mit einer Karosserie von Gläser versehen. Vor allem wurden Limousinen gebaut, daneben einige Cabrios und auch eine Version als Roadster. Der Frontantrieb war in den 1930er-Jahren noch eine eher exotische Antriebsart.

TECHNISCHE DATEN

Bauzeit	1935–1938
Motor	Reihenmotor
Stückzahl	ca. 2600 (alle Front 225)
Leistung	55 PS
Hubraum	2257 ccm
Zylinder	6
Höchstgeschwindigkeit	105 km/h
Gewicht	1325 kg
Verbrauch	14 l/100 km

Ein sportlicher Traum in Weiß ist dieses Exemplar des Front 225 Roadster. Bild: Audi AG

75

Alfa Romeo 8C 2900

Der Alfa Romeo 8C 2900 zählt heute zu den begehrtesten Oldtimern.

Beim 8C handelt es sich um eine Baureihe von Alfa Romeo, die ab 1931 hergestellt wurde. Die Modellbezeichnung gibt die Anzahl der Zylinder, nämlich acht, wieder. Zur Baureihe gehörten der 8C 2300 mit einem Hubraum von 2.336 Kubikzentimetern, und das Nachfolgemodell, der 8C 2900, dessen Hubraum bei 2.905 Kubikzentimetern lag. Mit seinem starken Antriebsaggregat feierte der 8C 2900 Triumphe im Motorsport. Aber auch für den privaten Gebrauch wurden Exemplare angefertigt. Der Aufbau wurde meist von Karosserieherstellern gefertigt.

TECHNISCHE DATEN

Bauzeit	1935–1939
Motor	Reihenmotor
Stückzahl	30
Leistung	180 PS
Hubraum	2905 ccm
Zylinder	8
Höchstgeschwindigkeit	200 km/h
Gewicht	1000 kg
Verbrauch	20 l/100 km

76

Mercedes-Benz 260 D (W 138)

Der Mercedes-Benz 260 D aus dem Jahr 1936 war der erste Pkw mit Dieselmotor. Bild: Daimler AG

Obwohl er eher konservativ aussah und äußerlich dem D 200 von 1933 entsprach, ist dieser Wagen ein Meilenstein in der Automobiltechnik. Mercedes hat 1936 mit dem 260 D den Dieselmotor in den Bau von Personenwagen eingeführt. Dieses Modell war vor allem bei Taxifahrern sehr beliebt, weil seine Kraftstoffkosten um mehr als die Hälfte niedriger waren. Es gab ihn auch als Droschken-Landaulet. Der Vierzylinder-Diesel arbeitete nach dem Vorkammersystem und hatte mit 3.000 U/min eine recht hohe Drehzahl. Seinen Rekord muss Mercedes-Benz allerdings teilen: Ein Hanomag-Diesel-Pkw debütierte auf derselben Messe.

TECHNISCHE DATEN

Bauzeit	1935–1940
Motor	OM 138 Viertakt Reihen-Diesel Vorkammer
Stückzahl	1967
Leistung	45 PS
Hubraum	2545 ccm
Zylinder	4
Höchstgeschwindigkeit	90 km/h
Gewicht	1030 kg
Verbrauch	11 l/100 km

Horch 830 BL

Die Baureihe 830/930, mit der sich Horch als Markenname aus der Automobilgeschichte verabschiedete, bildet einen Höhepunkt im Schaffen der sächsischen Firma. Der 830 hatte als erster deutscher Serienwagen einen V8-Motor. Die zweite Generation 830 B mit größerem Motor erschien 1935. Hierzu gehörte auch der 830 BL mit langem Radstand und Doppelgelenkhinterachse. Das Fahrzeug erreichte somit eine Länge von fünfeinhalb Metern. Neben der gezeigten offenen Version gab es dieses Modell auch als Pullman-Limousine, wie sie besonders im Staatsdienst gern genutzt wurde. Dieser Wagen wurde 1938 mit einem 3,8-Liter-Motor aufgerüstet, die Produktion wegen des Krieges eingestellt werden. Ein 830 BL Cabrio diente Charles de Gaulle längere Zeit als Dienstwagen. Horch, bereits unter dem Dach der Auto Union, wechselte nach dem Krieg in den Westen, doch verschwanden die Marken Wanderer und Horch.

▶ Wussten Sie schon?
Der V8-Motor mit acht in Reihe in V-Stellung angeordneten Zylindern gilt vielen als der Inbegriff des starken Motors.

TECHNISCHE DATEN

Bauzeit	1935–1940
Motor	V8-Motor
Stückzahl	6232 (alle 830 und 930)
Leistung	92 PS
Hubraum	3823 ccm
Zylinder	8
Höchstgeschwindigkeit	125 km/h
Gewicht	2100 kg
Verbrauch	20 l/100 km

Der Horch 830, hier in der Ausführung BL, war der erste deutsche Serienwagen mit V8-Motor. Bild: Audi AG

Lediglich 47 Stück wurden vom Typ 57 „Atalante" hergestellt. Bild: Bugatti

78 Bugatti Typ 57 S „Atalante"

Dieses von Jean Bugatti, dem Sohn des Firmengründers, entworfene und zwischen 1936 und 1938 gebaute Coupé war eine von mehreren Versionen, die die exklusive Autoschmiede aus dem Elsass baute. Der Typ 57 war Bugattis letztes Serienauto. Faszinierend sind die stromlinienförmigen Rundungen. Die Fahrerkabine ähnelt eher einem Flugzeug. Der Achtzylinder-Reihenmotor mit zwei oben liegenden Nockenwellen gilt noch heute als vorbildlich. 2009 wurde ein „Atalante" in Paris für mehr als 3,4 Millionen Euro versteigert. Das „S" im Namen bedeutet, dass Bugatti dieses Modell tiefer gelegt und verkürzt hat. Es handelte sich um die extrem seltene Sportversion.

Wussten Sie schon?
Atalante ist der Name einer griechischen Sagengestalt, die für ihre enorme Schnelligkeit berühmt war.

TECHNISCHE DATEN

Bauzeit	1936–1938
Motor	Reihenmotor
Stückzahl	47
Leistung	175 PS
Hubraum	3257 ccm
Zylinder	8
Höchstgeschwindigkeit	150 km/h
Gewicht	950 kg
Verbrauch	k.A.

Dynamische Front des Bugatti 57. Bild: Bugatti

Adler Trumpf Junior 1E

Die Besonderheit dieses Modells ist der Frontantrieb, der erstmals 1931 bei DKW zu finden war. Adler hat mit dem Trumpf und dem Trumpf Junior sehr schnell auf diesen neuen Trend reagiert und wie DKW die Lizenz für diese Technik von der französischen Firma Tracta erworben. Diese hatte es geschafft, Probleme der Konstruktion des Vorderradantriebs mit einer gelenkten Achse zu lösen. Für gehobenen Fahrkomfort sorgte die Einzelradaufhängung. Die Karosserie wurde aus Stahlblech gefertigt und stammte von Zulieferfirmen wie Karmann.

TECHNISCHE DATEN

Bauzeit	1936–1941
Motor	Reihenmotor
Stückzahl	78827
Leistung	25 PS
Hubraum	995 ccm
Zylinder	4
Höchstgeschwindigkeit	88 km/h
Gewicht	820 kg
Verbrauch	9 l/100 km

Das Cabriolet des Trumpf Junior von Adler verkaufte sich sehr gut. Bild: Michael Dörflinger

80

BMW 328

Zu den Rennwagen, die in den 1930er-Jahren ganz große Triumphe feierten und die als Serienmodell der Traum einer ganzen Generation waren, gehört unbedingt der BMW 328. 464 Stück konnten in Eisenach gebaut werden, bis die Kriegswirtschaft ihren Tribut forderte. Der Sechszylinder-Reihenmotor war bereits beim BMW 319/1 im Einsatz, wurde aber für diesen Wagen grundlegend überarbeitet und erhielt drei Vergaser, was eine Leistungssteigerung auf 80 PS mit sich brachte. Der Serienwagen bekam ein Klappverdeck, Türen und eine bequemere Innenausstattung.

▶ **Wussten Sie schon?**

Legendär ist die Rennversion BMW 328 „Mille Miglia", die das gleichnamige Rennen und die 24 Stunden von Le Mans gewann.

TECHNISCHE DATEN

Bauzeit	1936–1941
Motor	Reihenmotor
Stückzahl	464
Leistung	80 PS
Hubraum	1971 ccm
Zylinder	6
Höchstgeschwindigkeit	150 km/h
Gewicht	830 kg
Verbrauch	14,5 l/100 km

Nach seinem Sieg am Nürburgring wurde der BMW 328 in Serie gebaut. Bild: BMW AG

Die tief liegende Bauform der 1930er-Jahre wurde auch beim Arkona aufgenommen. Bild: Lothar Spurzem

81

Stoewer Arkona

Seit 1898 wurden Autos der Marke Stoewer in Stettin gebaut. Nachdem man zunächst mit kleineren Modellen begonnen hatte, wurden nach 1906 auch Sechszylinder-Modelle produziert, ab 1928 sogar Achtzylinder. Das letzte zivile Auto vor dem Untergang der Firma am Ende des Zweiten Weltkriegs war das Sechszylinder-Modell Arkona. Dieser solide, technisch konventionelle Wagen gefiel durch seine ansprechende Optik, konnte aber nur in wenigen Exemplaren verkauft werden. Es gab Versionen mit langem (3.350 mm) oder kurzem Radstand (3.150 mm), Cabrios, Limousinen, als Zwei-, Vier- oder Sechssitzer. Die kürzeren Modelle erreichten eine Spitzengeschwindigkeit von 140 km/h und waren somit nicht nur die letzten, sondern auch die schnellsten jemals gebauten Stoewer.

▶ Wussten Sie schon?

Eine zweigeteilte Windschutzscheibe war 1940 nicht ungewöhnlich.

TECHNISCHE DATEN

Bauzeit	1937–1940
Motor	Reihenmotor
Stückzahl	201
Leistung	80 PS
Hubraum	3610 ccm
Zylinder	6
Höchstgeschwindigkeit	120 km/h
Gewicht	2295 kg
Verbrauch	18 l/100 km

82 Steyr Typ 220 Sport-Cabriolet

Steyr: Die alte Waffenschmiede Österreichs brachte auch hervorragende Fahrzeuge hervor. Bild: Chr. Späth

In den Jahren vor dem Zweiten Weltkrieg wurde von den Österreichern ein schickes Cabrio vorgestellt, das mit einem Sechszylinder-Motor ausgestattet war. Einige Cabrios erhielten ihre Karosserie von der Dresdner Firma Gläser, die von Mercedes bis Bugatti für eine Vielzahl wichtiger Autobauer Cabriokarosserien fertigte. Er war ein sportlicher Tourenwagen, der vor allem in den Bergen zeigte, was er kann. Die Vorderräder waren einzeln an zwei Blattfedern aufgehängt. Die ölhydraulische Bremse wirkte auf alle vier Räder.

Wussten Sie schon?

Steyr-Daimler-Puch war einer der bedeutendsten österreichischen Konzerne. Markenname der Autos war nur Steyr.

TECHNISCHE DATEN

Bauzeit	1937–1941
Motor	Reihenmotor
Stückzahl	5900
Leistung	55 PS
Hubraum	2260 ccm
Zylinder	6
Höchstgeschwindigkeit	120 km/h
Gewicht	1260 kg
Verbrauch	14 l/100 km

Heckansicht des Steyr Typ 220. Bild: Chr. Späth

Als Flaggschiff des Rüsselsheimer Autobauers stand der Opel Admiral über dem Opel Kapitän. Bild: Sammlung Dörflinger

Opel Admiral

83

Die Modellbezeichnung deutet bereits an, dass es sich beim Admiral um ein Automobil der Oberklasse handelte. Erhältlich war das 75 PS starke Fahrzeug als Limousine, Pullman-Limousine und Cabriolet. Obwohl 1939 die Produktion schon wieder eingestellt werden musste, da die Motoren für Kriegszwecke verwendet wurden, waren es doch über 6.400 Exemplare, die einen Abnehmer fanden. Ein Grund dafür war der relativ günstige Verkaufspreis von etwa 6.500 Reichsmark. Während des Zweiten Weltkriegs wurden einige Exemplare mit einer Holzgasanlage ausgestattet. 1964 wurde wieder ein Admiral bei Opel vorgestellt.

Werbeplakat für den Admiral. Bild: Adam Opel AG

TECHNISCHE DATEN

Bauzeit	1938–1939
Motor	Reihenmotor
Stückzahl	6404
Leistung	75 PS
Hubraum	3626 ccm
Zylinder	6
Höchstgeschwindigkeit	132 km/h
Gewicht	1600 kg
Verbrauch	18 l/100 km

84

Lagonda V 12 Rapide

Im Jahr 1935 übernahm Alan Good das finanziell angeschlagene Lagonda. Der neue Eigentümer überredete Walter Owen Bentley von Rolls-Royce, zu Lagonda zu wechseln und die technische Leitung zu übernehmen. Unter Bentleys Führung entstand 1938 ein Zwölfzylinder-Luxuswagen mit der Bezeichnung V12 Rapide. Mit einem Hubraum von 4,5 Litern erbrachte das Modell eine Leistung von 175 PS. Die Verkaufszahlen blieben jedoch gering. 1947 übernahm der Unternehmer David Brown Lagonda und vereinigte die Firma mit Aston Martin.

▶ **Wussten Sie schon?**

Lagonda-Eigner David Brown war ein bedeutender Industrieller, der auch Traktoren baute, die in Großbritannien beliebt waren.

TECHNISCHE DATEN

Bauzeit	1938–1940
Motor	V12-Motor
Stückzahl	189
Leistung	175 PS
Hubraum	4480 ccm
Zylinder	12
Höchstgeschwindigkeit	160 km/h
Gewicht	1981 kg
Verbrauch	13,8 l/100 km

Mit seinem Zwölfzylinder-Motor sorgte der Luxuswagen für Aufsehen. Bild: Aston Martin

85

Fiat 2800

Der 2800 war das letzte Modell, das von Fiat vor dem Ausbruch des Zweiten Weltkriegs auf den Markt gebracht wurde. Die Entwicklung dieses Fahrzeugs war von Mussolini, der ein italienisches Gegenstück zu den Wagen von Mercedes-Benz haben wollte, verlangt worden. Der 2800 wurde hauptsächlich als Limousine (italienisch „berlina“) gebaut. Einige Exemplare wurden jedoch auch als „Torpedo“, ein offener Wagen ohne Verdeck, hergestellt. Zu den Käufern des Fiat 2800 gehörte neben der Staatsführung und dem italienischen König auch der Papst.

Die Zielgruppe des Fiat 2800 setzte sich vor allem aus der italienischen Oberschicht und dem Militär zusammen. Bild: FIAT S.p.A

TECHNISCHE DATEN

Bauzeit	1938–1943
Motor	Reihenmotor
Stückzahl	624
Leistung	85 PS
Hubraum	2852 ccm
Zylinder	6
Höchstgeschwindigkeit	115 km/h
Gewicht	1855 kg
Verbrauch	k.A.

86

Delahaye 135 MS

Neben Nutzfahrzeugen beschäftigte sich die Pariser Firma Delahaye sehr erfolgreich mit dem Bau von Luxus-Pkw und Sportwagen. 1935 wurde dieser Sektor durch die Übernahme von Delage noch verstärkt. Das bekannteste Modell war der Typ 135, der unter anderem die 24 Stunden von Le Mans und die Monte-Carlo-Rallye gewinnen konnte. Er war so beliebt, dass Delahaye noch bis 1952 Fahrzeuge dieses Typs auslieferte. Neben dem gezeigten Rennmodell mit Stromlinienverkleidung 135 MS (mit drei Vergasern) gab es auch Ausführungen als Roadster, Coupé und Limousine.

Der 135 MS gewann in den 1930er Jahren einige wichtige Rennen. Bild: Lothar Spurzem

TECHNISCHE DATEN

Bauzeit	1938–1952
Motor	Reihenmotor
Stückzahl	ca. 5000
Leistung	130 PS
Hubraum	3557 ccm
Zylinder	6
Höchstgeschwindigkeit	175 km/h
Gewicht	1700 kg
Verbrauch	18 l/100 km

Citroën 2 CV

Wenn der Franzose „Döhschä-woh“ sagt, meint er damit seine „Ente“, die sich vom hässlichen grauen Entlein der ersten Jahre zu einem Kultfedervieh gemausert hatte. 2 CV, das ist es, was der Franzose spricht, bedeutet die Steuerformel dieses Wagens. In Frankreich wurde ein Auto nach einer bestimmten Formel besteuert, die mit der Einheit CV bezeichnet wurde. Viele Hersteller gaben ihren Modellen zumindest im Beinamen den CV-Wert mit. Der erste 2 CV fuhr schon 1939 als Prototyp herum, doch der Krieg und seine Folgen machten eine Serienfertigung erst ab 1949 möglich. Nach erster Skepsis stieg der 2 CV mit dem luftgekühlten Boxermotor zum Käfer Frankreichs auf. Er war billig herzustellen, hatte einen kleinen und zuverlässigen Motor, bot ausreichend Platz und sorgte mit vier Türen sogar für einen gewissen Grundkomfort. In den verschiedensten Ausstattungs- und Farbvariationen wurde die „Ente“ bis 1990 gebaut und avancierte so zum größten Dauerbrenner jenseits des Rheins.

Wussten Sie schon?

Der Prototyp entstand bereits 1939 . Erst 1949 jedoch ist die „Ente“ schließlich in Serie gegangen.

TECHNISCHE DATEN

Bauzeit	1939–1990
Motor	Boxermotor
Stückzahl	3868631
Leistung	29 PS
Hubraum	602 ccm
Zylinder	2
Höchstgeschwindigkeit	113 km/h
Gewicht	495 kg
Verbrauch	5 l/100 km

Zu den letzten Auflagen des Kultmobils gehörte der 2 CV 6 „Charleston“, der vielen Puristen aber als zu bourgeois galt. Foto: Citroën

Pontiac Torpedo 8

Angetrieben wurde der Torpedo Eight von einem Achtzylinder-Reihenmotor, der innerhalb von 21 Jahren bei zahlreichen Modellen zum Einsatz kam. Bild: General Motors

Die Marke Pontiac wurde von General Motors 1926 eingeführt. Bis 1939 war Pontiac zur sechstgrößten amerikanischen Automarke aufgestiegen hinter Chevrolet, Ford, Plymouth, Buick, und Dodge. Im folgenden Jahr erweiterte Pontiac die Produktpalette auf vier Modelle: Special, DeLuxe Six, DeLuxe Eight und Torpedo Eight. Der DeLuxe Eight und der Torpedo Eight gehörten mit ihren Achtzylinder-Motoren zur Oberklasse. Innerhalb eines Jahres verkauften sich vom Torpedo über 31.000 Exemplare. Der Torpedo wurde in verschiedenen Versionen bis 1948 hergestellt. Es gab ihn als Viertürer und als Coupé mit zwei Türen. In einem Facelift wurden die Hinterräder verkleidet, indem die beiden Kotflügel runtergezogen wurden. Die Vorderräder waren einzeln aufgehängt.

▶ **Wussten Sie schon?**

Namensgeber der Marke war der Ottawa-Indianerhäuptling Pontiac, der aus der Gegend von Detroit stammte.

Die Kühlerfigur: ein Indianer. Bild: nemor2

TECHNISCHE DATEN

Bauzeit	1940–1948
Motor	Reihenmotor
Stückzahl	248390 (alle Versionen)
Leistung	103 PS
Hubraum	4100 ccm
Zylinder	8
Höchstgeschwindigkeit	k.A.
Gewicht	1574 kg
Verbrauch	k.A.

Seinen Beinamen „Buckel-Volvo" erhielt dieses Modell wegen der ungewöhnlichen Form der Motorhaube. Bild: Volvo

89 Volvo PV 444 („Buckel-Volvo")

Der mitten im Zweiten Weltkrieg entworfene PV 444 wurde zu einem internationalen Erfolg der schwedischen Autofirma und zu einem echten Longseller. Obwohl neutral geblieben, hatten die Skandinavier denoch unter den Kriegsfolgen stark zu leiden. So wurde der erste Wagen erst 1947 ausgeliefert. Er hatte eine selbsttragende Karosserie, ein Dreigang-Getriebe und einen Vierzylinder-Motor. Bis 1958 wurden acht verschiedene Versionen gebaut, wobei sich die Leistung von 40 auf 85 PS (SAE) erhöhte. Nachfolger wurde der begehrte PV 544.

Wussten Sie schon?

Der Name Volvo stammt aus dem Lateinischen und bedeutet „Ich rolle". Er bezieht sich auf die Kugellager der Firma.

Ansicht von vorn. Bild: Volvo

TECHNISCHE DATEN

Bauzeit	1944–1958
Motor	Reihenmotor
Stückzahl	196005
Leistung	40 PS
Hubraum	1414 ccm
Zylinder	4
Höchstgeschwindigkeit	120 km/h
Gewicht	1070 kg
Verbrauch	k.A.

VW Käfer 1100 (Typ 1) („Brezelkäfer“)

90

Es gibt in Deutschland kein anderes Auto, um das sich so viele Mythen und Anekdoten spinnen, das sogar zu einem richtigen Kulturträger wurde, wie der Käfer. Seine Anfänge reichen zurück bis in die 1930er-Jahre, als Hitler auf Porsches Vorschlag einging, einen „Volkswagen“ zu bauen. Aus bekannten Gründen kam es dazu allerdings in der eigens für das neue Werk gegründeten Stadt Wolfsburg erst 1945. Die erste Käfer-Generation hatte hinten zwei recht kleine Öffnungen, die später als „Brezel“ bezeichnet wurden. Mit diesem Wagen wurde ein preisgünstiges Modell gefertigt, das auch für den kleinen Mann erschwinglich war. Der Käfer trug maßgeblich zur Motorisierung Westdeutschlands bei.

TECHNISCHE DATEN

Bauzeit	1945–1953
Motor	Boxermotor
Stückzahl	425156
Leistung	25 PS
Hubraum	1131 ccm
Zylinder	4
Höchstgeschwindigkeit	90 km/h
Gewicht	740 kg
Verbrauch	8 l/100 km

Als Brezel wird das zweiteilige Heckfenster bezeichnet. Im Laufe der Modellgeschichte wurde das Fenster immer größer. Bild: Volkswagen AG

Die dritte Generation des Studebaker Champion ist leicht an der spitzen „Nase" zu erkennen. Bild: ems74/Pixelio

91 Studebaker Champion III

Der Champion war ein Bestseller des amerikanischen Automobilherstellers Studebaker. Das von der Weltwirtschaftskrise gebeutelte Unternehmen hatte diesen Erfolg dringend nötig. Der niedrige Verkaufspreis von 660 Dollar leistete dazu sicherlich einen Beitrag. 1942 erhielt das Modell ein Facelifting und 1946 erschien bereits die dritte Generation des Champion. Insgesamt trugen fünf Generationen diesen Namen. Sie kamen bis zum Ende der Produktion 1958 auf den Markt. Die fünf Champions unterschieden sich nicht nur in technischer Hinsicht, sondern zeichneten sich durch ein individuelles Styling aus.

▶ **Wussten Sie schon?**

Zeitweise zwei Drittel der Studebaker-Autoproduktion entfielen Ende der 1940er-Jahre auf den Champion.

Neues Design ab 1953: Champion IV. Bild: Bull-Doser

TECHNISCHE DATEN

Bauzeit	1946–1952
Motor	Reihenmotor
Stückzahl	über 600.000 (alle fünf Generationen)
Leistung	80 PS
Hubraum	2786 ccm
Zylinder	6
Höchstgeschwindigkeit	k.A.
Gewicht	k.A.
Verbrauch	k.A.

Renault 4 CV

92

Was die „Ente“ für Citroën war das „Crèmeschnittchen“ für Renault. Der 4 CV (sprich: „Kattschäwoh“) wurde 1946 vorgestellt und lief im darauf folgenden Jahr vom Band. Das Konzept des Hinterradantriebs mit Heckmotor und das Design waren noch relativ konservativ, doch andere technische Eigenschaften des 4 CV kann man durchaus richtungsweisend nennen. So hatte er vorn und hinten Einzelradaufhängung und Hydraulikbremsen. Die Karosserie war selbsttragend konzipiert, der wassergekühlte Vierzylinder-Motor mit hängenden Ventilen erwies sich als recht spritzig. Neben der normalen Version wurde auch eine sportliche Variante mit 42 PS gebaut. Die Franzosen hatten dieses Modell gleich lieb gewonnen und machten den 4 CV zum Absatz-Millionär.

TECHNISCHE DATEN	
Bauzeit	1947–1961
Motor	Reihenmotor
Stückzahl	1105547
Leistung	42 PS
Hubraum	760 ccm
Zylinder	4
Höchstgeschwindigkeit	110 km/h
Gewicht	610 kg
Verbrauch	5,7 l/100 km

Frankreich war in der ersten Nachkriegszeit von allem begeistert, was irgendwie amerikanisch zu sein schien. Das wusste auch die Werbung. Bild: Renault

93

Peugeot 203

Der Peugeot 203 war eines der wichtigsten französischen Autos der Nachkriegszeit. Bild: Peugeot Deutschland GmbH

Nach dem Zweiten Weltkrieg setzte in Frankreich eine Welle der Begeisterung für alles ein, was aus den USA kam. So wundert es nicht, wenn Peugeot seinen ersten Nachkriegswagen im Stil der amerikanischen Autos baute und ihm die Frontpartie ähnlich der eines Buick gab. Technisch war er ebenfalls recht modern mit selbsttragender Karosserie und Einzelradaufhängung vorn und durchdachter Hinterradaufhängung. Auch die Zahnstangenlenkung gehörte damals zu den Neuheiten in Frankreich. Der zuverlässige, kompakte Motor bewährte sich über die Jahre hervorragend. Seine Leistung wurde bei späteren Modellen bei gleicher Drehzahl auf 45 PS erhöht.

TECHNISCHE DATEN

Bauzeit	1948–1960
Motor	Reihenmotor
Stückzahl	480740
Leistung	45 PS
Hubraum	1290 ccm
Zylinder	4
Höchstgeschwindigkeit	120 km/h
Gewicht	1120 kg
Verbrauch	7,7 l/100 km

94

Rolls-Royce Phantom IV

Die Landaulette der Queen. Bild: Rolls-Royce

Nur 18 gab es insgesamt, in dieser Form war er ein Einzelstück. Der Rolls-Royce Phantom IV wurde in der Karosserieform der Landaulette 1954 exklusiv für Königin Elizabeth II. von Großbritannien gefertigt. Den Aufbau übernahm der Karosseriebetrieb Hooper. Dieses luxuriöseste Modell der Firma hatte einen 5,7 Liter-Reihenachtzylinder mit 166 PS. Bei der Landaulette war der hintere Teil des Daches abnehmbar, so dass die Queen im Wagen sitzend oder stehend dem Volk huldigen konnte.

TECHNISCHE DATEN

Bauzeit	1950-1956
Motor	Reihenmotor
Stückzahl	18
Leistung	166 PS
Hubraum	5675 ccm
Zylinder	8
Höchstgeschwindigkeit	163 km/h
Gewicht	1336 kg
Verbrauch	k.A.

95

Lloyd LP 300

Wer den Tod nicht scheut, fährt Lloyd, fiel dem Volksmund zu diesem Modell ein. In der Tat bot der Lloyd 300, der bei Borgwards zweiter Firma Lloyd (die dritte hieß Goliath) gebaut war, wenig Sicherheit. Motorisiert war dieses Gefährt mit einem Zweizylinder-Zweitakter, der aus 300 Kubikzentimetern 10 PS entlockte. Wer es sich traute, konnte bis zu 75 km/h fahren. Allerdings bestand die Karosserie aus einem Holzrahmen, Sperrholzverkleidung und einem Überzug aus Kunstleder. LP war die Limousine.

Der „Leukoplastbomber" ermöglichte vielen Deutschen den ersten Autokauf, denn er kostete nur 3.334 DM. Bild: Lothar Spurzem

TECHNISCHE DATEN

Bauzeit	1950–1952
Motor	Zweitaktmotor
Stückzahl	18087
Leistung	10 PS
Hubraum	293 ccm
Zylinder	2
Höchstgeschwindigkeit	75 km/h
Gewicht	400 kg
Verbrauch	5,5 l/100 km

96

Gutbrod Superior 600

Im Jahr 1926 gründete Wilhelm Gutbrod die Standard Fahrzeugfabrik GmbH in Ludwigsburg. Anfangs stellte er nur Motorräder her, später kamen auch Personenwagen, Lieferwagen und sogar Traktoren hinzu. Der erste Pkw, der Superior 500, wurde 1933 und 1934 gebaut. Nach dem Zweiten Weltkrieg und mehreren Umzügen wurde 1949 wieder ein Automobil vorgestellt. Es handelte sich um den Superior 600. Produziert wurde das Modell im württembergischen Plochingen.

Der Superior 600 wurde als Cabriolimousine und als Kombi gebaut. Bild: Michael Dörflinger

TECHNISCHE DATEN

Bauzeit	1950–1954
Motor	Zweitakt-Reihenmotor
Stückzahl	7726
Leistung	20 PS
Hubraum	593 ccm
Zylinder	2
Höchstgeschwindigkeit	100 km/h
Gewicht	690 kg
Verbrauch	7,5 l/100 km

97

Kleinschnittger F 125

Zu den ganz seltenen Automarken gehört Kleinschnittger. Von 1950 bis 1957 stellte der Unternehmer und Tüftler Paul Kleinschnittger in der westfälischen Stadt Arnsberg kleine Roadster mit der Bezeichnung F 125 her. Fast 2.000 Exemplare verließen in dieser Zeit die Produktionshalle. Der Einzylinder-Motor hatte einen Hubraum von lediglich 125 Kubikzentimetern und leistete 5,5 PS. Nur 170 Kilogramm wog das Kleinstauto. Ein Rückwärtsgang fehlte. Die Karosserie bestand aus Aluminium. Kleinschnittger arbeitete an einem größeren Modell, musste aber 1957 Konkurs anmelden.

▶ **Wussten Sie schon?**

Kleinstautos sind nicht nur ein historisches Phänomen. Besonders in Italien sind moderne Modelle heute vielfach zu sehen.

Einfache Bauweise und billig. Bild: M. Dörflinger

TECHNISCHE DATEN

Bauzeit	1950–1957
Motor	Zweitaktmotor
Stückzahl	1998
Leistung	5,5 PS
Hubraum	123 ccm
Zylinder	1
Höchstgeschwindigkeit	70 km/h
Gewicht	150 kg
Verbrauch	2,5 l/100 km

Aus den 1950er-Jahren, als viele Unternehmen versuchten, an der Massenmotorisierung teilzunehmen, stammt der Kleinschnittger F 125. Bild: Michael Dörflinger

Opel Kapitän '51

Der Kapitän gehörte zu den Oberklasse-Modellen aus dem Hause Opel. Das erste Fahrzeug dieses Namens kam bereits 1938 auf den Markt. Die Produktion wurde jedoch wegen des Zweiten Weltkriegs unterbrochen und erst 1948 wieder aufgenommen. Neue Generationen des Kapitän erschienen im Abstand weniger Jahre. Die 1951 gestartete Version hatte im Vergleich zum Vorgängermodell einen stärkeren Motor erhalten. Der Kapitän galt in den 1950er-Jahren als Statussymbol und belegte zeitweise den dritten Platz in der Zulassungsstatistik.

TECHNISCHE DATEN

Bauzeit	1951–1953
Motor	Reihenmotor
Stückzahl	48587
Leistung	58 PS
Hubraum	2473 ccm
Zylinder	6
Höchstgeschwindigkeit	130 km/h
Gewicht	1240 kg
Verbrauch	12 l/100 km

Die imposante Karosserie unterstreicht die Bedeutung des Kapitän als Statussymbol. Bild: Sammlung Dörflinger

Traumhafte Formen und Weißwandreifen. Das war der Bugatti 101.

99 Bugatti Typ 101

Ettore Bugatti und sein ältester Sohn waren gestorben, der Zweite Weltkrieg zuende. 1951 versuchte der jüngere Sohn Roland, die Autofabrikation von Bugatti wieder auf die Füße zu stellen. Es entstand der Typ 101, der den Motor und das Chassis des letzten Vorkriegsmodells 57 besaß. Drei waren noch übrig, die anderen wurden 1951/52 beziehungsweise 1965 neu produziert. Das Design des Wagens war nobel und dennoch sportlich. Drei verschiedene Karosseriebauer wurden herangezogen. Leider konnten nur sechs von acht gebauten Autos verkauft werden. Der letzte wurde übrigens erst neun Jahre nach dem siebten von einem dritten Karosseriebauer, nämlich Ghia, nach einemDesignentwurf von Virgil Exner gefertigt.

Wussten Sie schon?

Bugatti wurde mehrmals als Automarke wiederbelebt. Heute ist sie ein exklusives Anhängsel des Volkswagen-Konzerns.

Ein schönes Museumsexemplar. Bild: MPW 57

TECHNISCHE DATEN

Bauzeit	1951–1965
Motor	Reihenmotor
Stückzahl	8
Leistung	140 PS
Hubraum	3257 ccm
Zylinder	8
Höchstgeschwindigkeit	160 km/h
Gewicht	k.A.
Verbrauch	k.A.

100

Borgward Hansa 1800

Der Borgward Hansa 1500 war 1949 die erste deutsche Neuentwicklung nach dem Krieg, konnte erstmals mit einem Automatik-Getriebe ausgestattet werden und hatte erstmals elektrische Blinker. Da er eine Lenkradschaltung bekam, konnten vorn sogar drei Personen Platz nehmen. 1952 erhielt der Hansa einen größeren Motor und wurde zum Hansa 1800. Dieser war auch mit Dieselmotor zu haben. Außerdem gab es Ausstattungsvarianten als Limousine (zwei- oder viertürig), Cabriolet und schließlich als Kombi.

Der Hansa war das erste deutsche Fahrzeug mit einer Ponton-Karosserie. Bild: Lothar Spurzem

TECHNISCHE DATEN

Bauzeit	1952–1954
Motor	Otto-Reihenmotor (einige Diesel)
Stückzahl	k.A.
Leistung	66 PS
Hubraum	1758 ccm
Zylinder	4
Höchstgeschwindigkeit	136 km/h
Gewicht	1245 kg
Verbrauch	8,5 l/100 km

101

Bentley R-type Continental

Dieses Modell war seinerzeit der schnellste serienmäßig produzierte viersitzige Sportwagen der Welt. Das Basismodell, aus dem sehr viele Bauteile übernommen wurden, war nahezu baugleich zum Silver Dawn von Rolls-Royce, zu denen Bentley seit 1931 gehörte. Der Continental beeindruckte gegenüber diesem konservativen Modell durch eine schnittige Stromlinienkarosserie. Das Chassis wurde bei Rolls-Royce gebaut, die Karosserie wurde bei Mulliner gefertigt, der auch das Design entworfen hatte. An Käufern fanden sich jedoch nur 165 Briten und 43 Ausländer aus Ländern mit Rechtsverkehr.

Beim Bentley R type Continental wurden 178 PS gemessen. Bild: Bentley

TECHNISCHE DATEN

Bauzeit	1952–1955
Motor	Reihenmotor
Stückzahl	208
Leistung	178 PS
Hubraum	4566 ccm
Zylinder	6
Höchstgeschwindigkeit	188 km/h
Gewicht	1650 kg
Verbrauch	14,5 l/100 km

102

Ford Taunus 12M G13

Der Taunus 12M war durch seine Pontonkarosserie bekannt und beliebt. Bild: Ford Motor Company

Der Ford Taunus 12M gehörte zur unteren Mittelklasse der Personenwagen. Er kam 1952 mit seiner auffallenden Pontonkarosserie auf den Markt. Produziert wurde das Modell in dem Kölner Ford-Werk. Gemeinsam mit dem 15M gehörte der 12M zu den kleineren Modellen der Taunus-M-Reihe, wobei das M sehr selbstbewusst für „Meisterstück" stand. Die Zahl im Modellnamen gab die Größe des Hubraums wieder, die beim 12M 1,2 Liter betrug. Anfangs war der Taunus 12M nur mit einem Dreiganggetriebe erhältlich. Ab 1953 wurde er gegen Aufpreis mit einem vierten Vorwärtsgang angeboten. Ende 1952 kamen Cabriolet-Versionen mit zwei und vier Sitzen auf den Markt. Eine Überarbeitung des Kühlergrills erfolgte 1955.

▶ **Wussten Sie schon?**

Zwischen 1945 und 1967 war der Name Ford in Deutschland nicht verwendet worden. Die Marke hieß damals Taunus.

TECHNISCHE DATEN

Bauzeit	1952–1959
Motor	Reihenmotor
Stückzahl	247174
Leistung	38 PS
Hubraum	1172 ccm
Zylinder	4
Höchstgeschwindigkeit	112 km/h
Gewicht	850 kg
Verbrauch	k.A.

Studebaker Commander Regal

Das im amerikanischen Bundesstaat Indiana ansässige Unternehmen Studebaker stellte mit einigen Unterbrechungen Modelle mit dem Namen Commander von 1927 bis in die 1960er-Jahre her. Die 1953 erschienene zweitürige Coupé-Ausführung des Commander wurde von einem Achtzylinder-Motor mit einer Höchstleistung von 120 PS angetrieben. Das Styling fand bei den Autoliebhabern höchste Anerkennung. Allerdings litten die 1953 hergestellten Exemplare unter Qualitätsproblemen. 1966 stellte Studebaker die Autoproduktion ein.

Der Commander im Muppet-Film.

TECHNISCHE DATEN

Bauzeit	1953–1954
Motor	V8-Motor
Stückzahl	26875
Leistung	122 PS
Hubraum	3809 ccm
Zylinder	8
Höchstgeschwindigkeit	145 km/h
Gewicht	1692 kg
Verbrauch	k.A.

Es war nicht zuletzt das Styling, das dem Commander Coupé zu einem gewissen Erfolg verhalf. Bild: Bull-Doser

104 DKW Sonderklasse (F 91) Cabrio

Auch das Modell Sonderklasse bekam den Namen 3=6, der bedeuten sollte: drei Zylinder, die ein Fahrgefühl von sechs geben. Bild: Audi AG

DKW baute nach dem Krieg ein Fahrzeug, das bereits 1940 konzeptioniert worden war. Da die Werke in Zschopau und Eisenach verloren gegangen waren, wurde in Ingolstadt ein neuer Standort gefunden. In Düsseldorf entstand ein Zweigwerk, in dem der F 91 gebaut wurde, das Cabrio entstand allerdings bei Karmann. Es hatte den von DKW schon seit den Dreißigern gewohnten Frontantrieb und einen Dreizylinder-Zweitaktmotor. Das Fahrzeug zeichnete sich durch hohe Laufruhe und moderaten Kraftstoffverbrauch aus.

▶ **Wussten Sie schon?**

Der Zweitakter wurde im Autobau der Bundesrepublik recht bald aufgegeben. In der DDR blieb er bis 1989 Standard.

TECHNISCHE DATEN

Bauzeit	1953–1955
Motor	Zweitakt-Reihenmotor
Stückzahl	1550
Leistung	34 PS
Hubraum	896 ccm
Zylinder	3
Höchstgeschwindigkeit	120 km/h
Gewicht	870 kg
Verbrauch	8 l/100 km

Dieses goldlackierte Modell 1200 war der einmillionste Käfer, der am 5. August 1955 vom Band lief.
Bild: Marco Barnebeck/Pixelio

VW Käfer 1200 („Ovali") 105

Im Jahr 1953 wurde der „Brezel-Käfer" zum ersten Mal einer grundlegenden Modernisierung unterworfen. Das Ergebnis wurde als VW 1200 vorgestellt. Wieder gab es ihn in den Versionen Standard und Export, letztere war die hochwertigere. Die beiden augenfälligsten Änderungen hatten sich am Heck ergeben. das kleine zweiteilige Rückfenster wurde durch ein einteiliges, ovales ersetzt. Das ist der Grund für den Beinamen „Ovali", den ihm seine Fans gegeben haben. Außerdem wurden Rücklicht und Blinker in ein Element vereinigt. Die Exportversion bekam hydraulische Bremsen. Die Motorleistung wurde auf 30 PS erhöht. 1957 wurde dieser Typ überarbeitet und weiter verbessert.

▶ Wussten Sie schon?

Diese Generation des Käfer hatte optional nur ein Faltdach. Erst ab 1963 konnte der Kunde ein Stahlschiebedach erhalten.

TECHNISCHE DATEN

Bauzeit	1953–1957
Motor	Boxermotor
Stückzahl	ca. 1200000
Leistung	30 PS
Hubraum	1192 ccm
Zylinder	4
Höchstgeschwindigkeit	110 km/h
Gewicht	730 kg
Verbrauch	8,5 l/100 km

106

Lloyd LP 400

Die zweite Auflage des Lloyd nach dem LP 300 hatte dem Vorgänger einiges voraus: Der Holzaufbau verschwand weitestgehend und der Zweitakt-Motor wurde vergrößert. Doch schnell wurde der Lloyd deswegen trotzdem nicht. Mehr als 75 km/h waren nicht drin. In der Stadt oder auf den kaum ausgebauten Landstraßen reichte das aber meist aus. Neben der zweitürigen Limousine wurden auch ein Kombi und eine Cabrio-Limousine angeboten. Der billige Kleinwagen machte den Ableger von Borgward zeitweise zur drittgrößten deutschen Autofirma. Der Lloyd 400 war übrigens auch das Vorbild für einen alten Bekannten: den ersten Trabant, der in der DDR gebaut wurde.

▶ Wussten Sie schon?

Bis 1954 wurden auch die Lloyd LP 400 noch unter Verwendung von Holz gebaut. Erst dann erfolgte die Umstellung auf Stahl.

TECHNISCHE DATEN

Bauzeit	1953–1957
Motor	Zweitaktmotor
Stückzahl	109878
Leistung	13 PS
Hubraum	383 ccm
Zylinder	2
Höchstgeschwindigkeit	75 km/h
Gewicht	510 kg
Verbrauch	6 l/100 km

Wem der Käfer zu teuer war, der suchte sich in den Fünfzigern meist den Lloyd 400 aus. Foto: Pujanak

Buick Roadmaster

Geschwungene Formen zeichneten den Buick Roadmaster der 1950er-Jahre aus. Bild: David Saunders

Die Buick Motor Company wurde 1903 im amerikanischen Bundesstaat Michigan als eigenständiges Unternehmen gegründet. 1908 wurde Buick Teil von General Motors und besteht seitdem als Automarke weiter. Roadmaster war eine Modellbezeichnung, die bei Buick bereits seit 1936 benutzt wurde. Allgemein wird diese erste Serie aber als zweite Generation bezeichnet, weil man die Vorgänger-Serie 80 noch hinzuzählt, die dem ersten Roadmaster sehr ähnlich war. 1953 erfolgte der Start einer neuen, vierten Roadmaster-Generation, die mit einem Achtzylinder-Motor ausgestattet war. Zunächst hatte er die geschwungene Form der dritten Generation beibehalten. Doch bereits ein Jahr später war das Modell mit einer modernen Ponton-Karosserie ausgestattet worden. Optisch stellte das eine massive Veränderung dar. 1957 bekam das Modell einen noch stärkeren Antrieb mit sechs Litern Hubraum. Die Höchstleistung dieser Version lag bei 330 PS. Nachfolger des Roadmaster war der Electra.

▶ **Wussten Sie schon?**

32 Jahre nach der Auslieferung des letzten Roadmaststers stellte Buick 1990 wieder einen Wagen mit diesem Namen vor.

TECHNISCHE DATEN

Bauzeit	1953–1958
Motor	GM V8-Motor
Stückzahl	309272
Leistung	188 PS
Hubraum	5277 ccm
Zylinder	8
Höchstgeschwindigkeit	169 km/h
Gewicht	1857 kg
Verbrauch	k.A.

108 Mercedes-Benz 190 „Ponton" (W 121)

Borgward hatte es mit dem Hansa vorgemacht, andere Hersteller waren nachgezogen. 1953 führte auch Mercedes-Benz die Ponton-Bauweise ein. Die Karosserie war nun rahmenlos und selbsttragend, herausragende Seitenteile wie Kotflügel oder Trittbretter wurden abgeschafft. Erstes Modell war der Typ 180 (W 120). 1956 folgte mit dem Mercedes-Benz 190 eine stärkere und besser ausgestattete Version. Dieser hatte einen neuen Motor mit oben liegender Nockenwelle und hängenden Ventilen, hydraulische Teleskop-Stoßdämpfer, ein synchronisiertes Zahnrad-Wechselgetriebe mit vier Gängen und eine Lenkradschaltung. Die Hydraulikbremse wirkte auf alle vier Räder, sie konnte sogar noch durch einen optional erhältlichen Bremskraftverstärker unterstützt werden.

▶ **Wussten Sie schon?**

24.276 Exemplare wurden mit Dieselmotor ausgeliefert. Unter den Hauben mit dem Stern gab es immer öfter Diesel.

TECHNISCHE DATEN

Bauzeit	1953–1962
Motor	M 121 B I Otto-Reihenmotor
Stückzahl	120010
Leistung	75 PS
Hubraum	1897 ccm
Zylinder	4
Höchstgeschwindigkeit	144 km/h
Gewicht	1650 kg
Verbrauch	8,9 l/100 km

Der „Ponton" wirkte zwar etwas bieder, war aber sehr flott unterwegs. Bild: Daimler AG

Messerschmitt Kabinenroller KR 200

Der „Schneewittchensarg", wie der Volksmund den Messerschmitt Kabinenroller taufte, war zu seiner Zeit die billigste Lösung auf dem deutschen Kleinstwagenmarkt. Ab 1953 wurde die Konstruktion des Fritz Fend aus dem Jahr 1948 vom unterbeschäftigten Flugzeugbauer Messerschmitt in Regensburg produziert, im Unterschied zum Prototypen allerdings als geselliger Zweisitzer. 1955 präsentierte Messerschmitt die in vielen Punkten verbesserte Nachfolgegeneration mit dem KR 200. Der Kleinmotor von Fichtel & Sachs leistete 10 PS. Zum Einsteigen musste die komplette Front geöffnet werden. Wer genug Mut besaß, konnte mit seinem Kabinenroller Geschwindigkeiten von bis zu 90 km/h zelebrieren.

▶ Wussten Sie schon?

Ein Lenkrad gab es nicht, dafür ein aus dem Flugzeugbau bekanntes Lenkhorn.

TECHNISCHE DATEN

Bauzeit	1953–1964
Motor	Zweitaktmotor
Stückzahl	41190
Leistung	10,2 PS
Hubraum	191 ccm
Zylinder	1
Höchstgeschwindigkeit	90 km/h
Gewicht	240 kg
Verbrauch	4 l/100 km

Der Kabinenroller war ein Dreirad. Dadurch konnte ein Differenzial gespart werden. Bild: Michael Dörflinger

110 Lancia Aurelia B24 Spider

Italienischer Chic und technische Meisterleistung kennzeichnen den Aurelia Spider. Bild: Lancia

Der Lancia Aurelia von 1950 wurde berühmt für seine Transaxle-Bauweise, die heute aus der Sportwagenproduktion nicht mehr wegzudenken ist. Der Motor lag weiterhin vorn, doch das Getriebe rutschte ans Heck, wo auch der Antrieb lag. Dadurch gelang eine bessere Gewichtsverteilung, ein besseres Fahrverhalten war die Folge – und jede Menge Rennsiege. 1955 führte Lancia den Aurelia B24 Spider ein, einen schicken Roadster, der den modernen V6-Motor mit 108 PS Leistung bekam.

TECHNISCHE DATEN

Bauzeit	1954-1955
Motor	V6-Motor
Stückzahl	240
Leistung	108 PS
Hubraum	2451 ccm
Zylinder	6
Höchstgeschwindigkeit	184 km/h
Gewicht	1060 kg
Verbrauch	k.A.

111 BMW 502

Der Sechszylinder 501 kam sogar zu Fernsehehren als Funkstreife Isar 12. Bild: BMW AG

Wie vielen Autobauern in der Zeit der Weltwirtschaftskrise wurde fast auch BMW der Achtzylinder zum Verhängnis. Erstmals in der Geschichte der Firma wurde beim 502, der den Namen „Barockengel" von seinem Vorgänger 501 geerbt hatte, ein V8-Motor eingebaut. Dieser war weltweit der erste Serien-V8-Motor aus Leichtmetall. Sicherheit, Laufruhe und Fahrleistung waren sensationell, doch um auf dem Markt bestehen zu können, musste BMW ziemlich draufzahlen. Die Münchner standen sogar kurz vor der Übernahme durch Mercedes!

TECHNISCHE DATEN

Bauzeit	1954–1957
Motor	V8-Motor
Stückzahl	5000
Leistung	100 PS
Hubraum	2580 ccm
Zylinder	8
Höchstgeschwindigkeit	160 km/h
Gewicht	1440 kg
Verbrauch	14,5 l/100 km

Mercedes-Benz 300 SL Coupé (W 198 I) 112

Es gibt kaum eine positive Bewertung dieses Autos, die nicht längst zur abgegriffenen Phrase geworden wäre. Deshalb sollen hier nüchterne Fakten sprechen. Der 300 SL war der erste Serienwagen der Welt, der mit einem Benzin-Direkteinspritzer motorisiert war. Die Fahrleistungen des „Flügeltürers“ waren zu dieser Zeit einzigartig. Sage und schreibe 260 km/h waren mit ihm möglich. Der Preis von 29.000 DM war damals den meisten viel zu hoch. Nur 60 Deutsche kauften sich dieses Fahrzeug, überaus die meisten landeten in den USA und dort vor allem in Kalifornien. Die Tragstruktur des Wagens bestand aus einem Gitterrohrrahmen, wie er im Flugzeugbau verwendet wird. Erst durch diese Konstruktion war es möglich, die Türen nach oben aufschwenken zu lassen. Andere sagen wieder: Durch die Gitterrohrkonstruktion blieb Mercedes nichts anderes übrig. Von den 1.400 gebauten Exemplaren wurden 29 mit einer Leichtmetallkarosserie gefertigt. Die Idee, aus dem siegreichen Rennwagen 300 SL (W 194) ein Straßenfahrzeug zu bauen, stammte vom amerikanischen Mercedes-Händler Max Hoffman. Die Stuttgarter setzten das um und schrieben Automobilgeschichte.

▶ Wussten Sie schon?
Die Flügeltüren wurden zu einem Markenzeichen von Mercedes-Benz, wurden aber auch bei Anderen verwendet.

TECHNISCHE DATEN

Bauzeit	1954–1957
Motor	M 198 I Otto-Direkteinspritzer Reihenmotor
Stückzahl	1400
Leistung	215 PS
Hubraum	2996 ccm
Zylinder	6
Höchstgeschwindigkeit	260 km/h
Gewicht	1295 kg
Verbrauch	9,5 l/100 km

„Motor Klassik“ wählte den „Flügeltürer“ 1999 zum „Sportwagen des Jahrhunderts“. Bild: Daimler AG

113

Borgward Isabella TS

Klare Formen, ein wenig Verspieltheit. Der TS war die „bessere" Isabella mit 75 PS. Bild: Michael Dörflinger

Dieses Kultauto der Wirtschaftswunderzeit war der Nachfolger eines der innovativsten Fahrzeuge des Nachkriegsjahre, des Hansa. 1954 lief das erste Fahrzeug in Bremen vom Stapel, über 202.000 folgten ihm nach. Das mit Chromleisten hübsch verzierte Fahrzeug hatte seinen Namen einer flapsigen Bemerkung des Firmenchefs Borgward zu verdanken. Wer heute eine Oldtimer-Isabella kaufen will, sollte aufpassen, denn die ersten Exemplare litten an einigen Kinderkrankheiten. Nur 15 Exemplare der Isabella TS wurden als Cabriolet gebaut. Die TS-Modelle hatten 75 statt 60 PS. Ihre Motoren verlangten Super statt Normalbenzin. Schnellere Beschleunigung und eine um 15 km/h höhere Spitzengeschwindigkeit waren das Ergebnis. Außerdem wurde ab 1957 eine Isabella TS de luxe angeboten, die eine besonders hochwertige Ausstattung bot. Außerdem wurde ein sehr schönes Coupé eingeführt. 1962 musste nach dem Konkurs von Borgward die Fertigung der Isabella aufgegeben werden.

Wussten Sie schon?

Nach dem Verkauf der Fertigungsanlagen nach Mexiko wurden dort noch weitere Isabellas produziert.

TECHNISCHE DATEN

Bauzeit	1954–1962
Motor	Reihenmotor
Stückzahl	202862 (alle Modelle)
Leistung	75 PS
Hubraum	1493 ccm
Zylinder	4
Höchstgeschwindigkeit	150 km/h
Gewicht	1090 kg
Verbrauch	10 l/100 km

114

Buick Special Serie 40

Modelle mit der Bezeichnung „Special Serie 40" gehörten seit 1936 zur General-Motors-Marke Buick. Vorher wurde die Modellreihe nur Serie 40 genannt. Im Laufe der Zeit wurden die Buick Specials immer wieder überarbeitet. Mit der 1954 eingeführten Generation bekamen die Buick eine neue Pon-

Von 1954 bis 1958 zierte den Buick Special ein breites Haifischmaul. Bild: Jens Bredehorn/Pixelio

tonkarosserie und stärkere Motoren. Der Hubraum betrug je nach Ausführung bei 4,3, 5,3 oder sechs Litern. Die Höchstleistung lag zwischen 188 und 250 PS. 1958 bekam der Special ein neues Styling mit großen Heckflossen und breitem Gitter statt Haifischmaul.

TECHNISCHE DATEN

Bauzeit	1954–1958
Motor	GM V8-Motor
Stückzahl	1265605
Leistung	250 PS
Hubraum	5965 ccm
Zylinder	8
Höchstgeschwindigkeit	160 km/h
Gewicht	1960 kg
Verbrauch	k.A.

115

AC Aceca

Die britische Firma AC baute in Kleinserien meist sportliche Wagen. Einer davon war der Aceca, die Coupé-Version des Cabrios namens Ace. Der zwischen 1954 und 1963 gebaute Aceca hatte eine Aluminiumkarosserie

Zeitlose Schönheit: Das Coupé von AC war ein exklusiver Traum. Bild: Newspress Ltd.

und einen Sechszylindermotor, der zwei, später zweieinhalb Liter Hubraum hatte. Er erreichte eine Höchstgeschwindigkeit von 206 Stundenkilometern. Nur etwas über 300 Exemplare wurden gebaut. Der Aceca glänzte durch seine wunderschöne, stromlinienförmige Karosserie.

TECHNISCHE DATEN

Bauzeit	1954–1963
Motor	Reihenmotor
Stückzahl	ca. 300
Leistung	90 PS
Hubraum	1991 ccm
Zylinder	6
Höchstgeschwindigkeit	206 km/h
Gewicht	962 kg
Verbrauch	10 l/100 km

116 Alfa Romeo Giulietta

Wichtig für die Motorisierung größerer Bevölkerungkreise in den 1950er-Jahren. Bild: Alfa Romeo

Die Marke Alfa Romeo entstand 1918 nach der Übernahme des Autoherstellers A.L.F.A. durch den Ingenieur Nicola Romeo. In den 1950er-Jahren gewann Alfa Romeo in Italien durch seine Autos, die sich an weniger betuchte Kunden richteten, die Herzen der Massen. Zu diesen Modellen zählte der Alfa Romeo Giulietta, der 1954 auf den Markt kam. Die Giulietta war als Sprint, Sprint Veloce, Berlina oder Spider Veloce erhältlich. Bei der Sprint- und Spider-Version erbrachte der Motor eine Leistung von 90 PS. Mit der Veloce-Variante wurden 180 Stundenkilometer erreicht.

TECHNISCHE DATEN

Bauzeit	1954–1964
Motor	Reihenmotor
Stückzahl	177500
Leistung	90 PS
Hubraum	1290 ccm
Zylinder	4
Höchstgeschwindigkeit	165 km/h
Gewicht	915 kg
Verbrauch	10 l/100 km

117 Saab Sonett I

Aus dem Rennsport wurde es nichts für den Sonett I. Bild: Saab

Zu den wirklich seltenen Automobilen gehört der Zweisitzer Sonett I, denn auf einen höheren Wert als sechs stieg die Produktionsziffer des Modells nicht. Ursprünglich hatte Saab geplant, sich mit dem Oben-ohne-Schweden im Rennsport zu engagieren, aber dann entschloss man sich doch, auf die Bremse zu treten. Mit seinen 500 Kilogramm war der Sonett ein Leichtgewicht. Der Zweitaktmotor besaß einen Hubraum von nur 748 Kubik, erzielte aber eine Leistung von 58 PS. Manchmal ist auch heute noch eines der fünf „überlebenden" Exemplare bei einer Automobilveranstaltung zu sehen.

TECHNISCHE DATEN

Bauzeit	1955–1957
Motor	Reihenmotor
Stückzahl	6
Leistung	57,5 PS
Hubraum	748 ccm
Zylinder	3
Höchstgeschwindigkeit	160 km/h
Gewicht	500 kg
Verbrauch	11 l/100 km

Porsche 356 A

Als die Porsches nach dem Krieg wieder frei arbeiten konnten, machten sie sich daran, einen lange gehegten Plan umzusetzen und einen Sportwagen ganz nach eigenen Vorstellungen zu entwickeln. Bisher hatte man immer für andere gearbeitet, nun sollte ein Auto unter eigenem Namen entstehen. Grundlage für das Fahrzeug waren Bauteile aus der Volkswagen-Entwicklung. Ferry Porsche, der Sohn des Firmengründers, konstruierte den Wagen, der 1949 vorgestellt wurde. Ab 1950 begann die Produktion der ersten von vier Bauserien bis 1965. Der 356 A war die zweite Generation, die ab 1955 gefertigt wurde. Unterschied waren vor allem die stärkere Motorisierung und die jetzt einteilige, gebogene Windschutzscheibe. Es gab ihn in verschiedenen Varianten als Coupé, Cabrio, Speedster und den Carrera, eine Sportversion mit den gleichen Ausstattungsvarianten. Für die offenen Modelle gab es ab 1957 ein Hardtop. Beim Speedster handelte es sich um eine leichter gebaute Cabrio-Variante mit niedrigerer Windschutzscheibe, die es auf 200 Stundenkilometer brachte, Coupé und Cabrio schafften es „nur“ auf 175.

▶ Wussten Sie schon?
Der erste Prototyp des 356 wurde in Österreich gebaut, wohin sich die Porsches vor dem Krieg geflüchtet hatten.

TECHNISCHE DATEN

Bauzeit	1955–1959
Motor	luftgekühlter Boxermotor
Stückzahl	21045
Leistung	100 PS
Hubraum	1498 ccm
Zylinder	4
Höchstgeschwindigkeit	200 km/h
Gewicht	800 kg
Verbrauch	11 l/100 km

Rendezvous eines 356 A Coupé (1956) und eines 356 Speedster (1955) im Frühjahr 1956 samt Fahrern.
Bild: Dr. Ing. h.c. F. Porsche AG

Ganz in weiß: Romy Schneider und ihr „Großer DKW“ – so schön kann Autofahren sein! Bild: Audi AG

119 DKW 3 = 6 Coupé (F 93)

DKW deutete den etwas seltsamen Namen des Typs F 93 so: „Dreizylinder-Zweitakt – das bedeutet drei Kraftimpulse pro Kurbelwellen-Umdrehung, genau wie beim Sechszylinder-Viertakter. Daher 3 = 6!“ Bei den Kunden wurde er als „Großer DKW“ beliebt. Der Wagen hatte den DKW-üblichen Frontantrieb und arbeitete mit einem Dreizylinder-Zweitakter. Er war der Nachfolger der DKW – Sonderklasse mit dem gleichen Motor, der aber dank höherer Drehzahl auf 38 statt 34 PS kam. 1957 stiegen Drehzahl und PS noch einmal an.

▶ Wussten Sie schon?

Im Firmenlogo trug DKW neben einem Wappen vier Ringe, auf denen der Schrifzug der Auto Union zu lesen war.

TECHNISCHE DATEN

Bauzeit	1955–1959
Motor	Zweitakt-Reihenmotor
Stückzahl	157331
Leistung	40 PS
Hubraum	896 ccm
Zylinder	3
Höchstgeschwindigkeit	123 km/h
Gewicht	930 kg
Verbrauch	10 l/100 km

120

Peugeot 403

Dieses Modell wurde 1955 dem 203 als stärkere Variante zur Seite gestellt. Viele Bauteile sind gleich. Mit seiner Ponton-Bauweise wirkte der 403 allerdings sehr viel moderner. Ab 1959 gab es auch Exemplare, die mit einem Dieselmotor ausgestattet waren. Peugeot wurde damit zusammen mit Mercedes-Benz ein Vorreiter in diesem Segment. Mit dem 403 konnte erstmals ein Peugeot die magische Marke von einer Million Verkäufen überschreiten. Ab 1960 wurde ein schwächeres Modell als Quasi-Nachfolger des 203 mit dessen Motor angeboten.

Das Design des 403 stammte von Pininfarina. Bild: Peugeot Deutschland GmbH

TECHNISCHE DATEN

Bauzeit	1955–1966
Motor	Reihenmotor Otto oder Diesel
Stückzahl	1214130
Leistung	48 PS
Hubraum	1816 ccm
Zylinder	4
Höchstgeschwindigkeit	135 km/h
Gewicht	1080 kg
Verbrauch	10,4 l/100 km

121

Citroën DS 19

Als Citroën die „Göttin“ 1955 vorstellte, bezauberte sie schon optisch das Publikum. Die geringe Bodenfreiheit, die verkleideten Hinterräder – mit ihrer Stromlinienform wirkte sie unglaublich modern. Doch wie staunte man erst, als die vielen technischen Neuerungen dieses Fahrzeugs ans Tageslicht kamen: automatische Niveauregulierung bei verschiedenen Beladungszuständen, hydropneumatische Federung, hydraulische Getriebebetätigung, Hochdruck-Bremshydraulik, zwei Bremskreise, Servolenkung, Sicherheitslenkrad, an die Fahrtrichtung angepasstes Kurvenlicht.

Das Classic & Sports Car Magazin wählte die DS 19 zum schönsten Auto aller Zeiten. Bild: Citroën

TECHNISCHE DATEN

Bauzeit	1955–1968
Motor	Reihenmotor
Stückzahl	1456115 (alle DS)
Leistung	70 PS
Hubraum	1911 ccm
Zylinder	4
Höchstgeschwindigkeit	140 km/h
Gewicht	1195 kg
Verbrauch	10 l/100 km

122 Abarth 750 Bertone

Futuristisch wirkt das Stromlinienkleid aus dem Hause Bertone. Bild: Fiat

Stromlinie pur, das war der Abarth 750 in dem Kleid, das ihm das Designerstudio Bertone übergeworfen hatte. 1956 wurden zwei Exemplare gebaut, die eine Reihe von Weltrekorden aufstellten – und das mit einer kompakten Vierzylindermaschine mit 753 Kubik! Der von Abarth getunte Motor stammte aus dem Fiat 600. Abarth hatte auch Weber-Vergaser eingebaut. Mit diesen Rekorden war der Ruf von Abarth als Genie des Tunings begründet worden.

TECHNISCHE DATEN

Bauzeit	1956
Motor	Reihenmotor
Stückzahl	2
Leistung	k.A.
Hubraum	753 ccm
Zylinder	4
Höchstgeschwindigkeit	k.A.
Gewicht	k.A.
Verbrauch	k.A.

123 Heinkel Kabine 153

Viel Platz bot die Heinkel Kabine 153 nicht. Aber er reichte. Bild: Jonny Hansson

Der als Flugzeugbauer bekannte Ernst Heinkel ging nach dem Zweiten Weltkrieg zur Produktion von Motoren und Fahrzeugen über. Dazu gehörten Mopeds, Motorroller und ab 1956 auch ein Kabinenroller. Als Antrieb diente ein Einzylinder-Motor, der als Typ 153 einen Hubraum von 174 Kubikzentimetern hatte. Die Leistung lag bei 9,2 PS. Obwohl eine Ähnlichkeit zur BMW Isetta bestand, hatte die Heinkel Kabine nicht den gleichen Erfolg wie der Konkurrent. Der Bau des Typs 153 wurde 1957 wieder eingestellt. Ein etwas stärkeres Modell, der Typ 154, wurde noch ein Jahr länger produziert.

TECHNISCHE DATEN

Bauzeit	1956–1957
Motor	Otto-Viertaktmotor
Stückzahl	6438
Leistung	9,2 PS
Hubraum	174 ccm
Zylinder	1
Höchstgeschwindigkeit	86 km/h
Gewicht	243 kg
Verbrauch	3,5 l/100 km

124

Victoria Spatz

Eher ein Hobbyauto war der Spatz aus Fiberglas. Der 0,2-Liter-Motor war zu schwach. Bild: Buch-t

Dass nicht jeder Kleinstwagen der Wirtschaftswunderzeit automatisch erfolgreich war, zeigt das Beispiel des Spatz der Nürnberger Victoria-Werke, einer bekannten Zweiradschmiede. Die gefundene Marktlücke war ein Gefährt für drei Personen. Die Karosserie wurde aus Kunstharz geformt, was kostspielige Blecharbeiten unnötig machte. Türen gab es keine. Vor der Umsetzung wurde das Konstrukteursidol Hans Ledwinka gebeten, das Gefährt zu überprüfen. Er änderte einiges, vor allem änderte er den dreirädrigen Entwurf dahingehend um, dass er vier Räder vorsah. Doch der Motor blieb zu schwach und der Wagen zu teuer. Das führte nach zwei Jahren Bauzeit zu einem schnellen Aus für den Spatz von Victoria.

▶ Wussten Sie schon?

Die Zweirad-Marke Victoria wurde 1886 gegründet und endete 1968 mit der Übernahme durch Hercules.

TECHNISCHE DATEN

Bauzeit	1956–1957
Motor	Fichtel & Sachs Zweitaktmotor
Stückzahl	859
Leistung	10 PS
Hubraum	191 ccm
Zylinder	1
Höchstgeschwindigkeit	75 km/h
Gewicht	290 kg
Verbrauch	k.A.

125

BMW 507

Dies ist die 507er-Version BMW 3200 Michelotti Vignale. Bild: BMW AG

Was hatten Elvis, Toni Sailer und Alain Delon gemeinsam? – Sie waren Besitzer eines BMW-Cabrios 507. Nur vier Jahre lang wurde dieser Alublitz gebaut, erstaunlich kurz für einen der schönsten Sportwagen der Welt. Das lag sicher daran, dass der Flügeltürer von Mercedes den Markt in den beiden Jahren zuvor schon „abgegrast" hatte, andererseits war der Preis von 26.500 DM damals den meisten zu hoch. BMW hatte das Chassis des „Barockengels" BMW 502 verwendet und es mit dem Leichtmetall-Motor versehen, der 1961 im großen „Barockengel" BMW 3200 S wieder zum Einsatz kam. Der V8-Motor arbeitete mit Doppelvergaser und erbrachte 150 PS.

TECHNISCHE DATEN

Bauzeit	1956–1959
Motor	V8-Motor
Stückzahl	252
Leistung	150 PS
Hubraum	3168 ccm
Zylinder	8
Höchstgeschwindigkeit	220 km/h
Gewicht	1330 kg
Verbrauch	11 l/100 km

126

Jensen 541 DeLuxe

Der Jensen 541 DeLuxe hat die Optik der guten alten Sportwagengeneration. Bild: Ojtweito

Der Jensen 541 war bei seiner Einführung 1953 eine Sensation, denn er hatte eine Karosserie aus glasfaserverstärktem Kunststoff. Dadurch war der teuflisch schön geschnittene Wagen natürlich besonders leicht und dadurch leistungsfähiger. 1956 kam der Jensen 541 Deluxe dazu, der unter anderem in Botticelli-Blau lackiert war. Er hatte als erster britischer Wagen Vierrad-Scheibenbremsen, dazu einen Sechszylinder-Reihenmotor, der dazu passende Höchstgeschwindigkeiten von 175 km/h bot.

TECHNISCHE DATEN

Bauzeit	1956–1959
Motor	Reihenmotor
Stückzahl	226 (alle 541)
Leistung	135 PS
Hubraum	3993 ccm
Zylinder	6
Höchstgeschwindigkeit	175 km/h
Gewicht	1220 kg
Verbrauch	13 l/100 km

Cadillac Eldorado Seville 127

Bei Cadillac gab es zwei unterschiedliche Modellreihen mit der Bezeichnung Eldorado und Seville. Doch beide Namen gibt es auch vereint in einem Modell. Beim Eldorado Seville handelte es sich aber um eine zweitürige Hardtop-Coupé-Version des Cadillac Eldorado, die 1956 eingeführt wurde. Der letzte Eldorado Seville verließ 1960 das Werk in Detroit im amerikanischen Bundesstaat Michigan. Natürlich hatte der Wagen einen V8-Motor, der zu einem amerikanischen Straßenkreuzer gehört wie Chrom und Heckflossen. Die Produktionszahlen des Eldorado Seville waren insgesamt gering geblieben, weswegen dieses Modell heute in den USA zu den begehrtesten Oldtimern zählt.

▶ Wussten Sie schon?

Es war die Firma Cadillac, die 1948 die Heckflossen in den Autobau einführte. Ein Eldorado hatte auch die größten.

TECHNISCHE DATEN

Bauzeit	1956–1960
Motor	GM V8-Motor
Stückzahl	k.A.
Leistung	340 PS
Hubraum	6382 ccm
Zylinder	8
Höchstgeschwindigkeit	185 km/h
Gewicht	2230 kg
Verbrauch	k.A.

Die Heckflossen sollten den Eldorado Seville noch mächtiger erscheinen lassen, als er ohnehin schon war.
Bild: General Motors

1958 wagte sich diese Isetta Export bis in die Felbertauern. Bild: BMW AG

128 BMW Isetta 300

Es war einmal ein Kühlschrankfabrikant aus der Nähe von Mailand, der sattelte auf Autos und motorisierte Zweiräder um. Eines davon war eine seltsam verformte rollende Halbkugel, bei der sich vorn eine Türe nach oben öffnete. Iso Rivolta, so der Name der Firma, verkaufte diese Idee in mehrere Länder, auch über die Alpen nach Bayern. BMW hatte 1954 die Lizenz für den Kleinstwagen Isetta erworben und baute ihn nach. Als Antriebsaggregat bestimmten die Münchner den Einzylinder-Motor ihres Motorrads R 25, der 245 Kubik hatte und dem Vehikel den Namen gab: Isetta 250. 1956 kam das größere Modell 300 auf den Markt, außerdem wurde neben der Standard-Version eine als Export bezeichnete eingeführt, die Schiebe-Seitenfenster besaß. Die Isetta hatte hinten zwei sehr eng nebeneinander liegende Räder. Dadurch war es möglich, auf ein Differenzial zu verzichten. Der Fronteinstieg wurde von vielen anderen Herstellern nachgeahmt. Nach dem Goggomobil war die Isetta der beliebteste Kleinwagen der Wirtschaftswunderzeit in Deutschland.

Wussten Sie schon?

Neben den „Barockengeln" der Oberklasse baute BMW zu dieser Zeit nur noch die Kleinstwagen vom Typ Isetta.

TECHNISCHE DATEN

Bauzeit	1956–1962
Motor	Otto-Motor
Stückzahl	161360 (mit Isetta 250)
Leistung	13 PS
Hubraum	298 ccm
Zylinder	1
Höchstgeschwindigkeit	95 km/h
Gewicht	360 kg
Verbrauch	3,3 l/100 km

Wartburg 311 Cabrio

So sah automobiler Luxus in der DDR aus. Das schicke Cabrio ist ein Wartburg 311, der in der ehemaligen BMW-Autofabrik in Eisenach gebaut wurde. Die Karosserie stammte aber aus Dresden, wo die Nachfolgefirma des bekannten Karosseriebauers Gläser wirkte. Technisch entsprach das Cabrio der Limousine und wurde parallel zu ihr weiterentwickelt. Der Wartburg 311 war auf der Grundlage von aufgefundenen Plänen zu einem Modell F 9 von DKW entstanden. Die Technik des Reihen-Zweitaktmotors stammte ebenfalls von DKW und prägte den Autobau in der DDR.

▶ Wussten Sie schon?

Eisenach ist ein traditionsreicher Standort der Automobilproduktion. Heute produziert dort die Adam Opel AG.

Das Autoradio des 311 Cabrio. Bild: Peter Böhlke

TECHNISCHE DATEN

Bauzeit	1956–1965
Motor	Reihen-Zweitaktmotor
Stückzahl	k.A.
Leistung	37 PS
Hubraum	900 ccm
Zylinder	3
Höchstgeschwindigkeit	115 km/h
Gewicht	1010 kg
Verbrauch	9,6 l/100 km

„Der schönste Wagen der DDR": So wurde der Wartburg 311 Cabrio auch genannt. Bild: Peter Böhlke

Unter der Hintertür erkennt man die Lufteinlassschlitze für die Kühlung des Heckmotors. Bild: Renault

130

Renault Dauphine

Ein Jahr nach der „Göttin" DS 19 von Citroën zog Renault mit der „Thronfolgerin" nach. Die wiederum ersetzte das „Crèmeschnittchen" 4 CV. Mit über 2,1 Millionen Exemplaren gehörte dieses Fahrzeug zu den großen Platzhirschen der Autobranche in den 1960er-Jahren. Das Karosseriedesign mit einigen pfiffigen konstruktiven Ideen wie den hinteren Lufteinlassschlitzen stammte von Ghia. Die robuste, zuverlässige Technik wurde zu einem großen Teil vom Vorgänger 4 CV übernommen. Sie wurde im Lauf der Produktgeschichte mehrmals verbessert. So konnte mit Hilfe des Tuners Gordini die Motorleistung stark angehoben werden, wurde ein Ventilator zur Motorkühlung eingebaut, kam es zum Einbau von Scheibenbremsen und besseren Rädern. Die Dauphine gab es nur als viertürige Limousine. Eine Luxusversion wurde unter dem Namen Ondine verkauft. Ein Cabrio wurde ebenfalls abgeleitet und stand als Floride im Portfolio. Ab 1960 baute Alfa Romeo in Mailand die Dauphine in Lizenz nach.

Wussten Sie schon?

Die Dauphine von Renault war mit über 2,1 Millionen Exemplaren ein sehr großer Verkaufserfolg für Renault.

TECHNISCHE DATEN

Bauzeit	1956–1968
Motor	Reihenmotor
Stückzahl	2150738
Leistung	27 PS
Hubraum	845 ccm
Zylinder	4
Höchstgeschwindigkeit	115 km/h
Gewicht	620 kg
Verbrauch	6,5 l/100 km

131

Tatra 603

Zweifarbige Lackierung, schnittige Form, halbverkleidete Hinterräder. Im Ostblock gab es nicht viel Besseres. Tatra gab dieses Modell allerdings fast ausschließlich an die Politprominenz der Warschauer-Pakt-Staaten ab. Der Normalgenosse konnte von ihm nur träumen. Ein luftgekühlter V8-Motor füllte das Heck des Wagens. Auffallend waren die kiemenartigen Lufteinlassschlitze an den Hinterseiten, die für die nötige Kühlung des Motors sorgten. Das bizarr wirkende Scheinwerfertrio wurde später durch Doppelscheinwerfer ersetzt. Dieses Modell wurde in zwei weiteren Generationen bis 1975 ausschließlich per Hand gefertigt.

Kurios wirkte die Front mit gleich drei Scheinwerfern. Bild: Tatra

TECHNISCHE DATEN

Bauzeit	1956–1975
Motor	V8-Motor
Stückzahl	20422
Leistung	95 PS
Hubraum	2545 ccm
Zylinder	8
Höchstgeschwindigkeit	105 km/h
Gewicht	1470 kg
Verbrauch	12,5 l/100 km

132

Cadillac Eldorado

Cadillac Eldorado: Das ist der amerikanische Traumwagen mit riesigen Heckflossen, futuristischen Heckleuchten und Bremslichtern, langgezogene, flache Karosserie – im Ganzen 5,7 Meter lang. Dieser Eldorado aus dem Jahr 1959 gehört zur dritten und sicherlich schönsten Generation. In der Coupé-Version erhielt er den Beinamen Seville. Die 6,4-Liter-Maschine, die unter der mächtigen Motorhaube schlummerte, war ein 350 PS starker V8. Bis 1960 wurde der Eldorado in diesem Design gebaut.

Kein Fahrzeug hatte größere Heckflossen haben als der 59er Eldorado. Bild: General Motors

TECHNISCHE DATEN

Bauzeit	1957-1960
Motor	V8-Motor
Stückzahl	k.A.
Leistung	350 PS
Hubraum	6400 ccm
Zylinder	8
Höchstgeschwindigkeit	200 km/h
Gewicht	2295 kg
Verbrauch	23,8 l/100 km

133

Triumph TR 3A

1953 brachte der englische Autobauer Triumph der TR 2 heraus, der zum Ahnherrn einer Reihe von herrlichen Sportwagen wurde. 1957 bauten die Briten den TR 3A, der den TR 3 von 1955 ablöste und eine Leistung von 100 PS erbrachte. Eine weitere Variante TR 3B wurde nur in den USA verkauft. Der in Coventry gebaute TR 3A war mehr ein Lifestyle-Produkt denn ein Rennwagen. Doch der Fahrspaß fand immerhin erst bei 177 Stundenkilometer seine Grenzen. Die Karosserie des Roadsters war auf einen Kastenrahmen aufgebaut. Vorn hatte der TR 3A Scheibenbremsen.

▶ Wussten Sie schon?
Besonders bekannt war Triumph für seine hervorragenden Motorräder, die bereits vor dem Ersten Weltkrieg fuhren.

Eine zweifarbige Ausführung. Bild: Cvf-ps

TECHNISCHE DATEN

Bauzeit	1957–1961
Motor	Reihenmotor
Stückzahl	58309
Leistung	100 PS
Hubraum	1991 ccm
Zylinder	4
Höchstgeschwindigkeit	177 km/h
Gewicht	1030 kg
Verbrauch	14 l/100 km

Der Triumph TR 3A ist ein gerne gekaufter Oldtimer, weil man Ersatzteile sehr gut beschaffen kann – und weil er ein wunderschöner Roadster ist. Bild: David Saunders

Mercedes-Benz 300 SL (W 198 II) 134

Das ist ungewöhnlich: Dieses Modell war der Nachfolger eines Coupés, nämlich des berühmten „Flügeltürers" 300 SL Coupé. Bild: Daimler AG

Der „Flügeltürer" 300 SL war ein Autotraum, doch bei sommerlichen Temperaturen wurde es innen recht warm. Um den Problemen zu entgehen, bot Mercedes-Benz ab 1957 einen Nachfolger an, der lediglich als Roadster zu haben war. Die Flügeltüren fielen weg, doch der Fahrspaß mit diesem Spitzenwagen war der gleiche. Eine kleinere Änderung waren die länglichen Scheinwerfer, bei denen die Blinker integriert wurden. Der Roadster hat den Benzineinspritzer seines Vorgängers natürlich ebenfalls bekommen. Ab 1958 konnte man seinen Roadster mit Hardtop bestellen, damit man auch bei Regenwetter nicht zuhause bleiben musste. 1961 ersetzten die Stuttgarter die schwächelnden Trommelbremsen durch griffige Scheibenbremsen. Wie schon bei den Flügeltürern gingen auch vom Roadster die meisten in die Vereinigten Staaten. Doch auch zum Schah von Persien wurde ein Exemplar verschifft. Für den kleineren Geldbeutel wurde bereits seit 1955 und dann parallel zum 300 SL der Mercedes 190 SL gebaut.

▶ Wussten Sie schon?

Brav steht er da, doch wenn man diesen Roadster loslässt, wird er mit 250 „Sachen" zum echten Silberpfeil.

TECHNISCHE DATEN

Bauzeit	1957–1963
Motor	M 198 I Otto-Direkteinspritzer Reihenmotor
Stückzahl	1858
Leistung	215 PS
Hubraum	2996 ccm
Zylinder	6
Höchstgeschwindigkeit	250 km/h
Gewicht	1330 kg
Verbrauch	12,5 l/100 km

135 Glas Goggomobil TS 250

Das Goggomobil, einer der bedeutendsten deutschen Nachkriegskleinstwagen. Bild: Michael Dörflinger

Das Goggomobil steht wie nur wenige Autos der Wirtschaftswunderzeit für den Erfindungsgeist einer ganzen Epoche. Sein Entwickler Hans Glas aus Dingolfing kam ursprünglich aus der Landmaschinensparte. Seine Sämaschine Isaria war lange Zeit Marktführer. Seit den Fünfzigern baute das Unternehmen auch Motorroller und Kleinwagen. 1955 wurde das erste Goggomobil vorgestellt. Zwei Jahre später kam das Coupé TS 250 auf den Markt.

TECHNISCHE DATEN

Bauzeit	1957–1969
Motor	Zweitakt-Reihenmotor
Stückzahl	66511
Leistung	13,6 PS
Hubraum	247 ccm
Zylinder	2
Höchstgeschwindigkeit	85 km/h
Gewicht	480 kg
Verbrauch	4,4 l/100 km

136 VW Karmann Ghia Typ 14 Cabrio

Den Karmann Ghia gab es als Cabrio und als Coupé. Bild: Volkswagen AG

Der „Hausfrauen-Porsche" begeistert auch heute noch jeden, der ihn sieht. Die Firma Karmann baute diesen Wagen auf dem Export-Käfer auf. Das Design stammt von der italienischen Firma Ghia. Er sah aus wie ein Sportwagen, die Leistungen waren aber eben die eines Käfers. Deshalb zählten viele Frauen zum Kundenkreis. Es gab mehrere Motorenwechsel: 1960 wurde die Drehzahl erhöht, 1965 wurde der Hubraum auf 1.285 ccm vergrößert, 1966 wurde ein neuer Motor mit 1.493 ccm eingebaut und 1970 wurde dieser Motor aufgebohrt und hatte nun 1.584 ccm. Die Leistung stieg von 30 auf 50 PS.

TECHNISCHE DATEN

Bauzeit	1957–1974
Motor	Boxermotor
Stückzahl	80897
Leistung	50 PS
Hubraum	1584 ccm
Zylinder	4
Höchstgeschwindigkeit	140 km/h
Gewicht	870 kg
Verbrauch	8,5 l/100 km

Fiat 500 (Nuova 500)

Von 1957 bis 1975 produzierte Fiat einen Kleinstwagen, von dem insgesamt über 3.700.000 Exemplare verkauft wurden. Der Fiat 500 wurde Nuova 500 genannt, um ihn von dem gleichnamigen Vorgänger, der von 1936 bis 1955 hergestellt worden war, zu unterscheiden. Der Cinquecento, wie er auf Italienisch ausgesprochen wird, war einfach konstruiert, spartanisch ausgestattet und zielte auf das untere Marktsegment ab. Motorisiert war er mit einem Zweizylinder, der anfangs nur 470 Kubik hatte und 13,5 PS leistete. Aber bereits 1958 wurde eine zweite Version mit einem etwas größeren Hubraum ins Angebot genommen. Dieser „500 Sport" leistete 25 PS. Der Fiat 500 hatte noch die früher sehr häufigen sogenannten „Selbstmördertüren". Die waren an der B-Säule angeschlagen und gingen nach hinten auf, was nicht unproblematisch war, da sie bei einem versehentlichen Öffnen während der Fahrt vom Wind aufgerissen werden konnten. 1960 kam der 500 D ins Programm, der 17,5 PS leistete. 1965 folgten der 500 F und L mit 18 PS, und 1972 wurde 500 R mit ebenfalls 18 PS auf den Markt gebracht.

▶ Wussten Sie schon?
Dank Faltdach mussten Fahrer des Fiat 500 in der warmen Jahreszeit nicht schwitzen. Es wurde einfach aufgerollt.

TECHNISCHE DATEN

Bauzeit	1957–1977
Motor	Reihenmotor
Stückzahl	3702078
Leistung	13,5 PS
Hubraum	479 ccm
Zylinder	2
Höchstgeschwindigkeit	95 km/h
Gewicht	470 kg
Verbrauch	k.A.

Dank seiner geringen Größe konnte man mit dem Fiat 500 an Orte gelangen, an die man mit anderen Autos nicht fahren konnte. Bild: FIAT S.p.A

138 Ford Thunderbird „Square Bird"

Zu den großen Klassikern der Automobilgeschichte gehört der Thunderbird, auch T-Bird genannt, der von Ford mit einer kurzen Unterbrechung von 1955 bis 2005 hergestellt wurde. In dieser Zeit durchlief er zahlreiche Modellgenerationen. Der Thunderbird begann seine Laufbahn als zweisitziges Sportauto. Im Gegensatz zu konkurrierenden Modellen anderer Hersteller legte man bei Ford aber mehr Wert auf Komfort und eine hochwertige Ausstattung. Dementsprechend wurde der Thunderbird schließlich auch als „persönliches Luxus-Auto" vermarktet. Dieser Ausdruck wurde mit der zweiten Generation der Thunderbirds, die den Beinamen „Square Birds" erhielten, eingeführt. Im Gegensatz zu den Vorgängern waren die Square Birds als Viersitzer konstruiert worden, wodurch sie auch als Familienautos in Frage kamen. Sie waren als zweitürige Coupés und Cabriolets erhältlich. Um eine noch leistungsstärkere Ausführung anbieten zu können, wurde ab 1959 neben dem 5,8-Liter- noch ein 7,0-Liter-Motor angeboten.

▶ Wussten Sie schon?
Das Styling nahm beim Thunderbird den ersten Rang ein. Luxuriöse Ausstattung und tolles Design waren Pflicht.

TECHNISCHE DATEN

Bauzeit	1958–1960
Motor	V8-Motor
Stückzahl	198146
Leistung	304 PS
Hubraum	5766 ccm
Zylinder	8
Höchstgeschwindigkeit	180 km/h
Gewicht	1758 kg
Verbrauch	k.A.

Der Thunderbird war ein „Schlitten", mit dem man Eindruck hinterlassen konnte. Bild: Ford Motor Company

Volvo PV 544 („Buckel-Volvo") 139

Die Optik erinnert ein bisschen an Ostblockfahrzeuge. Dennoch war der Buckel-Volvo eines der beliebtesten Autos seiner Zeit. Bild: Sammlung Dörflinger

Den Beinamen, das Design und einen Großteil der technischen Ausstattung übernahm der PV 544 von seinem Vorgänger PV 444, mit dem Volvo in der unmittelbaren Nachkriegszeit einen Verkaufserfolg gelandet hatte. Wichtigste Änderungen waren zunächst die einteilige Windschutzscheibe und mehr Komfort im Innenraum. Ab 1959 gab es weltweit erstmals in einem Auto serienmäßig eingebaute Dreipunkt-Sicherheitsgurte an den Vordersitzen. Sicherheit galt bei Volvo stets sehr viel. 1961 kam es zu einem größeren Facelifting, das dem PV 544 (PV bedeutet „Personen-Wagen") eine bessere Bordelektrik und vor allem einen stärkeren Motor bescherte. 1.585 Kubikzentimeter Hubraum bei 55 PS wurden nun deutlich überboten, denn die neue Version hatte nun 95 PS bei 1778 Kubik.

TECHNISCHE DATEN

Bauzeit	1958–1965
Motor	Reihenmotor
Stückzahl	246995
Leistung	95 PS
Hubraum	1778 ccm
Zylinder	4
Höchstgeschwindigkeit	145 km/h
Gewicht	1080 kg
Verbrauch	k.A.

140 Rolls-Royce Phantom V

Rolls-Royce machte über die Leistung des Phantom V niemals Angaben. Bild: Rolls-Royce

Die Besitzerliste des Rolls-Royce Phantom V, von dem zwischen 1959 und 1968 516 Exemplare gebaut wurden, liest sich ein bisschen wie das Who is who des britischen Empires. Die Queen und Queen Mum waren stolze Besitzer, auch John Lennon hatte einen, der Schah kaufte sowieso fast jedes Modell. Der Wagen hatte einen 6,2-Liter-V8-Motor mit Doppelvergaser und dazu ein Viergang-Automatikgetriebe. Die gezeigte Karosserie stammt aus dem Betrieb von James Young.

TECHNISCHE DATEN

Bauzeit	1959-1968
Motor	V8-Motor
Stückzahl	516
Leistung	k.A.
Hubraum	6230 ccm
Zylinder	8
Höchstgeschwindigkeit	163 km/h
Gewicht	2537 kg
Verbrauch	k.A.

141 Pontiac Bonneville Convertible

Der Bonneville Convertible ist ein Luxusstraßenkreuzer ohne Dach. Bild: Newspress Ltd.

Pontiac, eine Marke von General Motors, hatte 1957 den Bonneville vorgestellt, einen echten Luxuswagen. 1959 entwickelte sich daraus eine neue Baureihe, die den obersten Platz im Programm von Pontiac besetzte. Dieser Roadster – in den USA lautet die Bezeichnung Convertible – gehörte mit fast sechs Metern Länge zu den größten Autos seiner Zeit. Unter der Haube steckte ein klassischer V8-Motor mit starken 260 PS. Höchstgeschwindigkeit ist bei diesem Auto aber nicht das Ziel.

TECHNISCHE DATEN

Bauzeit	1959-1970
Motor	V8-Motor
Stückzahl	k.A.
Leistung	260 PS
Hubraum	6375 ccm
Zylinder	8
Höchstgeschwindigkeit	k.A.
Gewicht	1853 kg
Verbrauch	k.A.

142

Chrysler 300E

Der 300E gehörte der so genannten „Buchstaben-Serie“ („Letter-Series“) an, die 1955 von Chrysler eingeführt worden war. Die Baureihe erhielt diese Bezeichnung, weil für jede Version ein anderer Buchstabe im Modellnamen verwendet wurde. Der 300E kam 1959 auf den Markt. Im Vergleich zum Vorgängermodell, dem 300D, war er mit einem größeren und stärkeren Motor ausgestattet. Der Hubraum betrug 6,8 Liter und die Maximalleistung lag bei 380 PS. Gleichzeitig hatten ihn die Konstrukteure um 45 Kilogramm leichter gemacht.

Der 300E bot viel Platz. Die Verkaufszahlen blieben jedoch niedrig. Bild: Chrysler Group LLC

TECHNISCHE DATEN

Bauzeit	1959
Motor	Chrysler 413 V8
Stückzahl	637
Leistung	380 PS
Hubraum	6800 ccm
Zylinder	8
Höchstgeschwindigkeit	200 km/h
Gewicht	1950 kg
Verbrauch	k.A.

143

Buick Le Sabre Serie 4400 I

Le Sabre war eine Modellbezeichnung, die von Buick von 1959 bis 2005 verwendet wurde. Die erste Generation es Le Sabre fiel durch das ausladende Design und die Heckflossen auf. Das Modell wurde als Limousine mit zwei oder vier Türen, Kombi mit fünf Türen, zweitüriges Cabriolet und zweitüriges Hardtop-Coupé angeboten. Beim Motor handelte es sich um ein Achtzylinder-Aggregat mit einem Hubraum von sechs Litern. Die Höchstleistung lag bei 250 PS.

Mit seinem gewagten Styling beeindruckte der Buick LeSabre zu seiner Zeit viele. Bild: Rike/Pixelio

TECHNISCHE DATEN

Bauzeit	1959–1961
Motor	GM V8-Motor
Stückzahl	430186
Leistung	250 PS
Hubraum	5965 ccm
Zylinder	8
Höchstgeschwindigkeit	180 km/h
Gewicht	1827 kg
Verbrauch	k.A.

Opel Kapitän P 2,6

Verglichen mit den üppigen Vorgängerversionen sah der Kapitän, der 1959 in Produktion ging, bedeutend nüchterner aus. Das P der Modellbezeichnung stand wie schon bei der vorhergehenden Ausführung für „Panoramascheibe". Die Zahl gab den Hubraum in Litern wieder. Der Sechszylinder-Motor erreichte eine Höchstleistung von 90 PS und war damit zehn PS stärker als beim Vorgänger. Auf der Straße war mit dem Oberklassemodell eine Höchstgeschwindigkeit von 150 Stundenkilometern zu erreichen. Der P 2,6 – oder auch P2 genannt – entwickelte sich zur meistverkauften Kapitän-Version.

▶ Wussten Sie schon?

Bereits das letzte von Opel vor dem Zweiten Weltkrieg vorgestellte Modell trug den Namen Kapitän.

TECHNISCHE DATEN

Bauzeit	1959–1963
Motor	Reihenmotor
Stückzahl	145616
Leistung	90 PS
Hubraum	2605 ccm
Zylinder	6
Höchstgeschwindigkeit	150 km/h
Gewicht	1258 kg
Verbrauch	11,5 l/100 km

Prägnante Konturen und die kraftvolle Betonung des Horizontalen lösten beim Kapitän P 2,6 laut Werbetext die schwingenden Linien der früheren Versionen ab. Bild: Adam Opel GmbH

145

Chevrolet Impala II

Chevrolet ist eine amerikanische Automarke, die 1911 von dem General-Motors-Gründer William C. Durant und dem schweizerischen Rennfahrer Louis-Joseph Chevrolet gegründet wurde. 1917 wurde Chevrolet von General Motors übernommen. Es waren vor allem Modelle der Mittelklasse, die GM unter dem Markennamen Chevrolet auf den Markt brachte. Zur Oberklasse hingegen zählte der Impala, der 1957 vom Stapel lief und dessen zweite Generation bereits zwei Jahre später antrat. Motoren mit 3,9 bis 7,0 Litern Hubraum fanden Verwendung.

Als Wagen der Oberklasse bot der Impala einen großen Kofferraum und viel Platz. Bild: David Saunders

TECHNISCHE DATEN

Bauzeit	1959–1964
Motor	GM V8-Motor
Stückzahl	k.A.
Leistung	230 PS
Hubraum	4637 ccm
Zylinder	8
Höchstgeschwindigkeit	200 km/h
Gewicht	1741 kg
Verbrauch	18 l/100 km

146

BMW 700

Sportliche und hochklassige Fahrzeuge – diese Strategie entwickelte sich bei BMW zum Minusgeschäft. Deshalb musste ein Mittelklassewagen her. Mit dem BMW 700 wollte man in der Käfer-Klasse für Umsätze sorgen. Der 700 hatte einen luftgekühlten Boxermotor mit Kurbelgehäuse aus Leichtmetall und 700 Kubik Hubraum (daher der Name). Der Wagen war bei vielen Rennen siegreich, weshalb die Zahl der Kunden hoch war, was BMW vor einer Übernahme durch Mercedes rettete. Neben der Limousine gab es auch Versionen als Coupé und Cabrio. 1963 wurde die Leistung von 30 auf 32 PS erhöht.

Der BMW 700 rettete die Eigenständigkeit von BMW. Bild: BMW AG

TECHNISCHE DATEN

Bauzeit	1959–1965
Motor	Boxermotor
Stückzahl	181411
Leistung	32 PS
Hubraum	697 ccm
Zylinder	2
Höchstgeschwindigkeit	135 km/h
Gewicht	640 kg
Verbrauch	7,5 l/100 km

147 Alfa Romeo Giulia 1600 Sprint Speciale

Kein Verkaufserfolg, aber eine automobile Schönheit war die Sprint Speciale. Bild: Newspress Ltd.

Während die Giulia mit ihrem eckigen Design doch etwas bieder wirkte, war die Giulia Sprint Speciale ein reinrassiger Sportwagen mit einem 1,6-Liter-Motor. Kein Wunder, denn die Karosserie stammte eigentlich noch von der kurvenreicheren Giulietta. Von ihr hatte es bereits eine Sprint Speciale gegeben. Die Leistung war allerdings bedeutend erhöht worden. 1962 bis 1966 wurde diese besonders rassige Giulia produziert. Allerdings lag die Stückzahl des Modells bei lediglich 1.400 Exemplaren.

TECHNISCHE DATEN

Bauzeit	1962–1966
Motor	Reihenmotor
Stückzahl	1400
Leistung	112 PS
Hubraum	1570 ccm
Zylinder	4
Höchstgeschwindigkeit	200 km/h
Gewicht	950 kg
Verbrauch	k.A.

148 Jaguar MK II

Der Jaguar MK II war eine Sportlimousine voller Ästhetik und mit viel Kraft. Bild: Jaguar Cars Limited

Anmut, Geschwindigkeit und Platz sollten die Jaguar-Modelle gemäß den Prinzipien des Jaguar-Gründers William Lyons bieten. Diesem Ziel versuchten die Entwickler auch beim Jaguar Mark II zu entsprechen. Mit seinem harmonischen Design gilt das Modell heute als eine der schönsten Limousinen. Beim Interieur fanden Holz und Leder Verwendung. Für den Antrieb standen Sechszylinder-Motoren mit 2,4, 3,4 und ab 1966 3,8 Litern Hubraum zur Verfügung. 1967 wurden die 2,4- und 3,4-Liter-Ausführungen in Jaguar 240 und 340 umbenannt. Die 3,8-Liter-Version entfiel.

TECHNISCHE DATEN

Bauzeit	1959–1969
Motor	Reihenmotor
Stückzahl	91210
Leistung	192 PS
Hubraum	3781 ccm
Zylinder	6
Höchstgeschwindigkeit	206 km/h
Gewicht	1525 kg
Verbrauch	k.A.

Saab 95

149

Der schwedische Lastenesel konnte mit seiner aufklappbaren dritten Sitzbank bis zu sieben Personen mitnehmen. Allerdings mussten die hinteren Insassen durch das Heckfenster schauen. Bild: Saab

Der Viertaktmotor war im Automobilbau eigentlich schon langst Standard, aber beim Saab 95 hatten sich die Konstrukteure für den leichteren und weniger Platz beanspruchenden Zweitaktmotor entschieden. Mit diesem Antrieb erreichte der Kombi eine Leistung von 38 PS. Schon 1966 entschloss man sich bei Saab, den Zweitakt- durch einen Viertaktmotor zu ersetzen. Die maximale Leistung lag nun mit einem Hubraum von 1,5 Litern bei 62 bis 64 PS. Der Saab 95 konnte mit einer rückwärts montierten dritten Sitzbank bis zu sieben Personen Platz bieten.

TECHNISCHE DATEN

Bauzeit	1960–1966
Motor	Zweitaktmotor
Stückzahl	k.A.
Leistung	38 PS
Hubraum	841 ccm
Zylinder	3
Höchstgeschwindigkeit	125 km/h
Gewicht	950 kg
Verbrauch	11 l/100 km

150

Peugeot 404

Dieses Modell dominierte nicht nur das Programm der Ostfranzosen in den 1960er- und 1970er-Jahren, sondern es war auch im Ausland sehr begehrt. In Afrika wurden sogar noch bis 1991 Fahrzeuge dieses Typs gefertigt und erfolgreich verkauft. Damit zählt der 404 zu den am längsten gebauten Autos. Technisch baute er auf dem Vorgänger auf, hatte jedoch gerade in puncto Komfort einiges mehr zu bieten. Der Wagen erwies sich als sehr robust und zuverlässig, weshalb er sich lange Jahre im Programm hielt und in aller Welt besonders als Taxi sehr geschätzt war. Das Coupé wurde nur zwischen 1962 und 1968 verkauft. In diesem Jahr wurde mit dem 504 ein Nachfolgemodell vorgestellt. Das leistungsfähigste Modell hatte eine Einspritzanlage, mit der die PS-Zahl von 72 auf 80 erhöht werden konnte. Der Peugeot 404 wurde außerdem – bei Peugeot schon traditionell – mit einem Dieselmotor angeboten. Die normale Version hatte einen Hubraum von 1.948 Kubik, es gab aber auch eine kleinere Variante mit 1.816 ccm.

▶ **Wussten Sie schon?**

Als „familiale“ werden in Frankreich die Kombis bezeichnet, diese Version des 404 bot Platz für sieben Personen.

TECHNISCHE DATEN

Bauzeit	1960–1975
Motor	Reihenmotor Vergaser oder Einspritzer
Stückzahl	2885377
Leistung	88 PS
Hubraum	1618 ccm
Zylinder	4
Höchstgeschwindigkeit	160 km/h
Gewicht	1250 kg
Verbrauch	10 l/100 km

Ein Pariser Peugeot 404 beim Landausflug. Im Hintergrund parkt ein 203. Bild: Peugeot Deutschland GmbH

Morris Mini Cooper

151

Der Austin Seven, vielfach als Käfer des britischen Empire bezeichnet, sollte einen Nachfolger erhalten. Es wurde ein Kultwagen. Der Mini wurde 1959 vorgestellt und wird in veränderter Form noch heute gebaut. Der Mini Cooper war eine leistungsstärkere Version mit 55 statt 34 PS. Das abgebildete Fahrzeug hat das Baujahr 1964. Eine Besonderheit ist, dass der Wagen von verschiedenen Firmen hergestellt wurde, so von Morris, Austin, Leyland und anderen. Sie gehörten alle zum britischen Konzern British Motor Corporation.

Der Mini Cooper war die starke Ausführung des Mini. Bild: BMW AG

TECHNISCHE DATEN

Bauzeit	1961-1967
Motor	Reihenmotor
Stückzahl	12465
Leistung	55 PS
Hubraum	997 ccm
Zylinder	4
Höchstgeschwindigkeit	140 km/h
Gewicht	635 kg
Verbrauch	8 l/100 km

Chrysler 300G

152

Die 1961er-Version des Chrysler 300 bekam den Buchstaben G. Änderungen gegenüber dem Vorgänger, dem 300F, gab es nur im Design, das dem veränderten Geschmack angepasst worden war und eine breitere Käuferschicht ansprechen sollte. Der Motor war der gleiche, wie er schon im 300E verwendet worden war, erbrachte aber durch einen veränderten Ansaugtrakt eine höhere Leistung, die nun bei 407 PS lag. Das Konzept schien aufzugehen, denn mit 1.617 verkauften Exemplaren schnitt der 300G besser ab als die vier unmittelbaren Vorgängermodelle.

Die Heckflossen durften auch am Chrysler 300G nicht fehlen. Bild: Chrysler Group LLC

TECHNISCHE DATEN

Bauzeit	1961
Motor	Chrysler 413 V8
Stückzahl	1617
Leistung	407 PS
Hubraum	6800 ccm
Zylinder	8
Höchstgeschwindigkeit	200 km/h
Gewicht	1932 kg
Verbrauch	k.A.

Vor allem bei schönem Wetter ist der Jaguar E-Type ein ideales Reiseauto. Bild: Jaguar Cars Limited

153 Jaguar E-Type Serie I Roadster

Der E-Type wurde im Frühjahr 1961 auf dem Genfer Auto-Salon vorgestellt. Die ersten Modelle aus dem Jaguar-Werk im englischen Coventry waren zunächst für den Export bestimmt. Ab Juli des gleichen Jahres wurde auch für den inländischen Markt produziert. Der Jaguar E-Type glänzte sowohl durch sein Design als auch durch seine starke Motorisierung. 1964 wurde der Hubraum des Motors auf 4,2 Liter vergrößert. Der E-Type war als zweitüriges Coupé und als Roadster erhältlich. Beide Ausführungen verkauften sich ungefähr gleich gut.

▶ Wussten Sie schon?

Einen „Motor mit zwei Notsitzen für zwei pfeifenrauchende Männer" nannte ein Autojournalist den Jaguar E-Type.

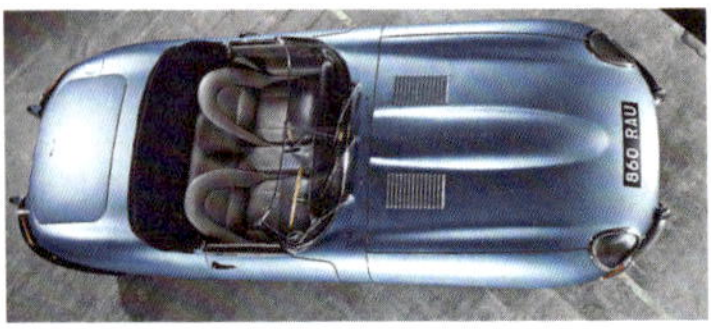

Schönheit von oben. Bild: Jaguar Cars Limited

TECHNISCHE DATEN

Bauzeit	1961–1964
Motor	Reihenmotor
Stückzahl	7827
Leistung	265 PS
Hubraum	3781 ccm
Zylinder	6
Höchstgeschwindigkeit	240 km/h
Gewicht	1157 kg
Verbrauch	15,6 l/100 km

Mercedes-Benz 220 SEb (W 111/3) 154

Erstmals in der Geschichte des Automobils wurde mit diesem Modell ein Wagen gebaut, der „Knautschzonen“ und eine Sicherheitsfahrgastzelle besaß. Die Knautschzone ist ein Teil der Karosserie, der bei einem Zusammenstoß zusammengepresst wird und den Druck abfedert, ohne Zerstörungen im Bereich der Fahrzeuginsassen anzurichten. Dadurch wurde bei einem Aufprall das Verletzungsrisiko drastisch gesenkt. Die Idee stammt von dem genialen Ingenieur Béla Barényi, der lange Jahre für Daimler arbeitete. Die Cabrios und Coupés dieser Oberklassewagen wurden in Sindelfingen großteils per Hand gefertigt. Sie gehörten zu den absoluten Spitzenautos ihrer Zeit. Der Mercedes-Benz 220 SEb erschien sogar auf einer Briefmarke der Deutschen Post in der Serie „klassische deutsche Automobile“.

▶ Wussten Sie schon?

Dieses Modell war das weltweit erste Coupé mit Sicherheitskarosserie nach dem Patent von Béla Barényi.

Knautschzone und Sicherheitszelle. Bild: Daimler AG

TECHNISCHE DATEN

Bauzeit	1961–1965
Motor	M 127 III Otto-Direkteinspritzer Reihenmotor
Stückzahl	14173
Leistung	120 PS
Hubraum	2195 ccm
Zylinder	6
Höchstgeschwindigkeit	170 km/h
Gewicht	1410 kg
Verbrauch	10,7 l/100 km

Sicherheit und Eleganz paarten sich bei dem 1961 vorgestellten Coupé. Bild: Daimler AG

155

Fiat 1500

In den 1960er-Jahren zählte der Fiat 1500 zu den großen Familienautos. Bild: FIAT S.p.A

Eines der großen Familienautos Italiens war der Fiat 1500. Der Name leitete sich vom Hubraum ab, der bei 1.500 Kubikzentimetern lag. Neben dem Fiat 1500 kam 1961 auch ein Fiat 1300 auf den Markt. Die beiden Modelle waren fast identisch, unterschieden sich jedoch im Hubraumvolumen. Während es der Motor des 1500 auf eine Leistung von 67 PS brachte, schaffte der kleinere Motor des 1300 nur 60 PS. Beide Modelle wurden nicht nur im italienischen Fiat-Werk, sondern auch von dem jugoslawischen Werk Zastava und der deutschen Tochter Fiat-Neckar hergestellt.

TECHNISCHE DATEN

Bauzeit	1961–1968
Motor	Reihenmotor
Stückzahl	ca. 600000
Leistung	80 PS
Hubraum	1481 ccm
Zylinder	4
Höchstgeschwindigkeit	165 km/h
Gewicht	1225 kg
Verbrauch	k.A.

156

Peugeot 404 Cabriolet

Formschön präsentiert sich das Cabrio mitten in Paris. Bild: Peugeot Deutschland GmbH

Ein Jahr nach dem Startschuss für den neuen Peugeot 404 wurde der Öffentlichkeit ein Cabriolet dieses Typs präsentiert. 1968 wurde die Fertigung eingestellt. Im Gegensatz zu den hochgezogenen Heckflossen der Limousine hatte das berühmte Turiner Designerbüro Pininfarina beim Cabrio und beim Coupé eine nach unten abfließende, aerodynamischere Heckpartie geschaffen. Ein auf Basis des Cabrios gebautes Dieselmodell stellte 1965 mehrere Weltrekorde auf, unter anderem einen Durchschnitts-Geschwindigkeitsrekord von 161 km/h über 11.000 Kilometer.

TECHNISCHE DATEN

Bauzeit	1961–1968
Motor	Reihenmotor Vergaser oder Einspritzer
Stückzahl	10387
Leistung	80 PS
Hubraum	1618 ccm
Zylinder	4
Höchstgeschwindigkeit	167 km/h
Gewicht	1100 kg
Verbrauch	10 l/100 km

157

NSU Prinz 4

Der Prinz von NSU ist eines der klassischen Wirtschaftswunder-Autos. Glänzender Verkaufshöhepunkt der verschiedenen Generationen war der Prinz 4, der ab 1961 gebaut wurde. Ihn gab es in drei unterschiedlichen Ausstattungen: als einfaches Basismodell 4, in der normalen Ausstattung als 4S und ab 1965 als höherwertigen 4L, der als einziger bis zum Schluss gebaut wurde, während die anderen beiden bereits 1969 eingestellt wurden. In diesem Jahr wurde NSU von VW gekauft und mit Audi verschmolzen. Die dann noch gebauten Prinz gingen vor allem nach Italien.

Blick in die Fertigung des NSU Prinz. Über eine halbe Million Exemplare wurden gebaut. Bild: Audi AG

TECHNISCHE DATEN

Bauzeit	1961–1973
Motor	Reihenmotor
Stückzahl	570000
Leistung	30 PS
Hubraum	598 ccm
Zylinder	2
Höchstgeschwindigkeit	116 km/h
Gewicht	570 kg
Verbrauch	6,2 l/100 km

158

Renault Alpine A 110

Im Jahr 1955 wurde die Firma Alpine gegründet, die sich auf den Bau von Rennwagen verlegt hatte. 1961 wurde der A 110 vorgestellt, der auf der Grundlage des Renault 8 entstanden war. Die Karosserie war aus Glasfaser, sie verbarg den Motor in ihrem Heck. Alpine setzte in der 16-jährigen Bauzeit verschiedene Motoren von Gordini, Lotus und Renault ein. Die stärksten Modelle mit Einspritzanlage hatten 127 PS. 1973 erwarb Renault die Mehrheit an Alpine. Fortan hieß das „Berlinette" genannte Fahrzeug Renault Alpine A 110.

Der gerne als „Flunder" bezeichnete A 110 in der französischen Rennfarbe Blau. Bild: Renault

TECHNISCHE DATEN

Bauzeit	1961–1977
Motor	Reihenmotor
Stückzahl	7176
Leistung	127 PS
Hubraum	1565 ccm
Zylinder	4
Höchstgeschwindigkeit	210 km/h
Gewicht	820 kg
Verbrauch	k.A.

159

Renault 4

So sah der Renault 4 in seiner ursprünglichen Form aus: erste Epoche 1961-1967. Bild: Renault

Ähnlich wie bei der „Ente" war die Meinung über den neuen R 4 1961 zuerst gespalten. Später jedoch wurde das Modell nicht nur zu einem der beliebtesten französischen Autos, sondern es diente vielen anderen Marken als Vorbild für eigene Entwürfe. Herausragend an diesem Kleinwagen, der zwischen 24 und 34 PS leistete, war die Möglichkeit der Zuladung. Von hinten kam man gut ins Innere und wer sperrige Güter transportieren wollte, konnte einfach die Rücksitzbank herausnehmen. Sehr beliebt bei Kleinhändlern und Handwerkern war die Kastenwagen-Version des R 4. Technisch bot dieses Fahrzeug keine außergewöhnlichen Fähigkeiten. Es war aber sehr robust und vor allem günstig im Unterhalt. Problematisch wurde es allerdings, wenn der Renault 4 zu rosten begann. Trotz seiner sparsamen Bauweise musste der Fahrer nicht auf Bequemlichkeit, wie Einzelradaufhängung mit weicher Federung und verstellbare Sitze, verzichten. Der R 4 wurde nicht nur in Frankreich montiert, sondern auch in Kolumbien, Marokko, Slowenien und in Italien bei Alfa Romeo.

Wussten Sie schon?

Die zweite Generation des Renault 4 lief in den Jahren zwischen 1967 und 1974 vom Fließband.

TECHNISCHE DATEN

Bauzeit	1961–1992
Motor	Reihenmotor
Stückzahl	8.135.424 (alle Varianten)
Leistung	34 PS
Hubraum	1108 ccm
Zylinder	4
Höchstgeschwindigkeit	120 km/h
Gewicht	720 kg
Verbrauch	k.A.

Entworfen und gebaut wurde der Alfa Romeo 2600 Spider bei Carrozzeria Touring in Mailand. Bild: FIAT S.p.A.

160

Alfa Romeo 2600 Spider

Alfa Romeo ist nicht nur durch seine Innovationen in der Automobiltechnik bekannt, sondern auch durch das elegante Äußere. Die Marke ist deshalb bei den jüngeren und sportlichen Italienern sehr beliebt. Für das Design des 2600 war Carlo Felice Bianchi Anderloni zuständig. Der Automobildesigner war zugleich auch Geschäftsführer des Karosseriebauunternehmens Carrozzeria Touring. Der Alfa Romeo 2600 erschien 1961 als Spider. Im folgenden Jahr kam das Modell als Berlina und Sprint auf den Markt. Alle drei 2600er basierten auf dem Vorgängermodell, dem Alfa Romeo 2000, der ebenfalls von Anderloni entworfen worden war. Sie hatten aber ein moderneres Design und vor allem einen stärkeren Motor bekommen.

▶ Wussten Sie schon?

Die Kunden wollten mehr Power unter der Haube haben. Diesem Ruf folgte man bei Alfa Romeo mit dem Einbau eines 145 PS starken Motors.

TECHNISCHE DATEN

Bauzeit	1962–1968
Motor	Reihenmotor
Stückzahl	2255
Leistung	145 PS
Hubraum	2584 ccm
Zylinder	6
Höchstgeschwindigkeit	210 km/h
Gewicht	1220 kg
Verbrauch	15 l/100 km

161

Aston Martin DB 5

Der DB 5 ist das bekannteste James-Bond-Auto, das den britischen Geheimagenten durch mehrere Filme fuhr. Bild: Aston Martin

Das ausgerechnet einer von Englands bekanntesten Herstellern von Traktoren sich 1947 die Sportwagenfirma Aston Martin kaufte und wo er schon dabei war gleich noch Lagonda, scheint gar nicht so ungewöhnlich. Immerhin haben ja auch der Sportwagenbauer Porsche Traktoren konstruiert und der Traktorfabrikant Lamborghini Sportwagen gebaut. David Brown, so hieß der Herr, verewigte sich gleich noch, indem er allen Modellen seine Initialen verpasste. DB 5 ist also das fünfte Modell unter Browns Regie. Er war eine leistungsgesteigerte Version des DB 4. Neben dem Basismodell gab es auch ein Cabrio, in England Convertible genannt und ein leistungsstärkeres Modell, das bei Aston Martin die Bezeichnung Vantage trug.

Wussten Sie schon?

Bond fuhr natürlich nicht den DB 5 von der Stange, sondern er bekam einen Wagen mit spezieller Sonderausstattung, die es aber nur im Kino gab.

TECHNISCHE DATEN

Bauzeit	1963–1965
Motor	Reihenmotor
Stückzahl	1063
Leistung	286 PS
Hubraum	3995 ccm
Zylinder	6
Höchstgeschwindigkeit	238 km/h
Gewicht	1565 kg
Verbrauch	8,1 l/100 km

AC Le Mans Cobra

Die Cobra von AC war lange Zeit das schnellste Serienfahrzeug der Welt. 293 Stundenkilometer erreichte sie 1964. Es gab verschiedene Ausstattungen, denen allen der V8-Motor gemeinsam war. Allerdings hatte die 289 4,7 Liter, die 427 sieben Liter Hubraum. Die Cobra gehört heute zu den am häufigsten nachgebauten Automobilen der Welt. Nur rund 1000 Originale wurden in den Jahren zwischen 1962 und 1968 produziert. Die Cobra stammt vom ehemaligen US-Rennfahrer Carroll Shelby, der auch die Produktion in die Vereinigten Staaten holte.

Carroll Shelby am Steuer.

TECHNISCHE DATEN

Bauzeit	1963–1965
Motor	V8-Motor
Stückzahl	ca. 1000
Leistung	270 PS
Hubraum	4700 ccm
Zylinder	8
Höchstgeschwindigkeit	293 km/h
Gewicht	1050 kg
Verbrauch	k.A.

Die Cobra Nummer 39 PH war die Siegerin in der Kategorie GT III in Le Mans 1963. Bild: Newspress Ltd.

163

Trabant 601

Der Trabant wurde (alle Modelle zusammen) über drei Millionen mal gebaut. Bild: Michael Dörflinger

Von 1963 bis zur Wiedervereinigung wurde in der DDR der Trabant 601 gebaut. Sein Vorgänger war 1957 vorgestellt worden. Er fußte auf der Zweitakter-Technik der in der SBZ verbliebenen DKW-Technik und hatte sich den Lloyd 400 zum Vorbild genommen. Der Motor wurde mit einem Axialgebläse gekühlt. Eine Kraftstoffanzeige gab es nicht. Der Fahrer konnte mangels Benzinuhr lediglich den Benzinhahn für die Reserve aufdrehen, dann sollte man besser tanken. Der Trabant 601 bekam 1969 eine Leistungssteigerung von 23 auf 26 PS. Im Westen wurde der „Trabi“ oder „Trabbi“ zum belächelten DDR-Attribut, als Zielobjekt der „Ostalgie“ ist er heute Kult.

TECHNISCHE DATEN

Bauzeit	1963–1990
Motor	Zweitaktmotor
Stückzahl	3.096.000
Leistung	26 PS
Hubraum	595 ccm
Zylinder	2
Höchstgeschwindigkeit	107 km/h
Gewicht	620 kg
Verbrauch	5,5 l/100 km

164

Pontiac GTO

Muskelspiel in Feuerrot: Pontiacs Kraftprotz GTO. Bild: General Motors Company

Der Pontiac GTO von 1964 gilt als erstes Muscle-Car. Das Kürzel wurde von Ferrari übernommen und bedeutet „Gran Turismo Omologato“. Die Italiener verwendeten es für ihren F 250 GTO und bezeichneten 1962 damit die Straßenversion eines Rennautos. Ursprünglich war GTO nur eine stärkere Version des Pontiac Le Mans, doch dann entwickelte sich daraus eine eigene Reihe. Der GTO fuhr fast 200 km/h schnell, hatte den klassischen V8-Motor und war auch als Cabrio zu haben.

TECHNISCHE DATEN

Bauzeit	1964-1974
Motor	V8-Motor
Stückzahl	ca. 514000
Leistung	357 PS
Hubraum	6379 ccm
Zylinder	8
Höchstgeschwindigkeit	193 km/h
Gewicht	1613 kg
Verbrauch	k.A.

165

DKW F 12 Roadster

Anfang 1963 löste DKW den in die Jahre gekommenen Junior ab und ersetzte ihn durch den F 12, der keinen Beinamen mehr bekam. Im Herbst des gleichen Jahres stellte das Unternehmen, das in dieser Zeit zu Daimler-Benz gehörte, einen Roadster dieses Typs vor.

Auch der flotte F 12 Roadster konnte DKW nicht mehr vor dem Aus bewahren. Bild: Audi AG

TECHNISCHE DATEN

Bauzeit	1964–1965
Motor	Zweitakt-Reihenmotor
Stückzahl	6640
Leistung	45 PS
Hubraum	889 ccm
Zylinder	3
Höchstgeschwindigkeit	128 km/h
Gewicht	740 kg
Verbrauch	10 l/100 km

Das Problem der eigentlich hübschen Kleinwagen war ihr Motor. Die deutschen Autokäufer hatten mit dem Zweitakter ein Imageproblem. Klapperndes Geräusch und Rauchfahne waren in einer Zeit des satten Erfolgs nicht mehr in. Als VW 1965 DKW übernahm, wurde der F 12 sofort gestoppt.

166

Ford Mustang I

Der Ford Mustang gehört zu den großen Klassikern der Automobilgeschichte. Seine Star-Qualitäten stellte er in über 500 Filmen und Fernsehserien unter Beweis. Den ersten Mustang brachte Ford 1964 auf den Markt. Am ersten Tag wurden bereits 22.000 Exemplare verkauft. Er gilt als der Stammvater der sogenannten Pony-Cars. Beim ersten Mustang standen ein Sechszylinder-Reihen-Motor und eine Achtzylinder-V-Motor zur Auswahl. Die Maximalleistung lag im Bereich von 101 bis 275 PS. Der Ford-Klassiker befindet sich bis heute im Programm des Unternehmens.

Der erste Mustang war für 2.368 Dollar zu bekommen. Bild: Ford Motor Company

TECHNISCHE DATEN

Bauzeit	1964–1966
Motor	Reihenmotor
Stückzahl	680992
Leistung	275 PS
Hubraum	4700 ccm
Zylinder	8
Höchstgeschwindigkeit	145 km/h
Gewicht	1200 kg
Verbrauch	k.A.

167 Ford Thunderbird „Flair Bird“

Flair Birds wurden die Thunderbird-Exemplare der vierten Generation genannt. Verglichen mit den vorhergehenden Modellen hatten sie ein sehr viel formelleres, kantigeres Äußeres. Der Thunderbird fuhr zu dieser Zeit zwar noch den Konkurrenten bei den Verkaufszahlen davon, aber man wusste bei Ford, dass sich der Blick der Kunden weg vom Design mehr auf die Technik richtete. Deswegen erhielten die Flair Birds eine Leistungssteigerung, nämlich beim 6,4-Liter Motor auf 320 PS und bei dem 7,0-Liter-Aggregat auf 350 PS. Auch diese Thunderbird-Generation war als Cabrio und als Coupé erhältlich, wobei sich das Coupé mit Abstand am besten verkaufte.

▶ Wussten Sie schon?

Das Design des Thunderbird ging von früheren geschwungenen Formen auf ein mehr kantigeres Aussehen über, wie es der „Flair Bird“ zeigt.

TECHNISCHE DATEN

Bauzeit	1964–1966
Motor	V8-Motor
Stückzahl	6846
Leistung	320 PS
Hubraum	6384 ccm
Zylinder	8
Höchstgeschwindigkeit	195 km/h
Gewicht	1959 kg
Verbrauch	18 l/100 km

Die Beschleunigung der Thunderbirds der vierten Generation erschien manchen als zu schwach, weshalb sie von Ford mit einem stärkeren Motor ausgerüstet wurden. Bild: Michael Dörflinger

NSU Wankel Spider

168

Der Wankel Spider von NSU war das erste Serienauto mit Wankelmotor. Bild: Michael Dörflinger

Der Kreiskolbenmotor von Felix Wankel war eine große Techniklegende – ähnlich dem Transrapid: Sie setzte sich nie richtig durch. NSU baute 1964 mit dem flotten Wankel Spider das erste Auto, das mit einem derartigen Aggregat ausgestattet war. Seine Leistung wurde mit 50 PS bewertet. Größter Vorteil dieses Motors ist die beeindruckende Laufruhe. Außerdem ist er sehr kompakt. Das Design des Zweisitzers wurde vom Sport-Prinz abgeleitet. Der Traum vom Dolce Vita in Italien wurde leider oft durch Defekte getrübt, die der fehlenden Serienreife des Wankelmotors geschuldet waren. Das sprach sich schnell rum und die Verkaufserfolge blieben aus. Als 1967 der Ro 80 erschien, wurde der Bau des Spider eingestellt. Aufgrund seiner geringen Stückzahl ist der NSU Wankel Spider heute ein begehrtes Sammlerobjekt.

▶ Wussten Sie schon?

Der sportliche Wankel Spider brachte es auf 152 km/h und konnte einige bedeutende Rallye-Siege verbuchen.

TECHNISCHE DATEN

Bauzeit	1964–1967
Motor	1-Scheiben-Wankelmotor
Stückzahl	2375
Leistung	50 PS
Kammervolumen	500 ccm
Brennkammern	1
Höchstgeschwindigkeit	152 km/h
Gewicht	700 kg
Verbrauch	10,2 l/100 km

169

Lamborghini 350GT

Mit dem 350 GT stieg Lamborghini in die serienmäßige Produktion von Sportwagen ein. Bild: Lamborghini

Der 350 GT war das erste Modell, das von Lamborghini serienmäßig gefertigt wurde. Es wurde der Öffentlichkeit erstmals auf dem Turiner Autosalon vorgestellt. Der Sportwagen hatte zwei Sitzplätze. Auf Wunsch konnte noch ein Notsitz im Fond eingebaut werden. Der Zwölfzylinder-Motor hatte eine Maximalleistung von 280 PS und erreichte abhängig von der Übersetzung eine Höchstgeschwindigkeit von bis zu 260 Stundenkilometern. Die Anzahl der produzierten Exemplare blieb jedoch gering. Nur 120 Exemplare wurden hergestellt.

TECHNISCHE DATEN

Bauzeit	1964–1967
Motor	V12-Motor
Stückzahl	120
Leistung	280 PS
Hubraum	3464 ccm
Zylinder	12
Höchstgeschwindigkeit	260 km/h
Gewicht	1200 kg
Verbrauch	18,5 l/100 km

170

Opel Admiral A

Das Design des Admiral A erinnerte an die großen amerikanischen Autos. Bild: Adam Opel GmbH

Der erste Opel-Admiral wurde von 1937 bis 1939 hergestellt. Der Zweite Weltkrieg machte der Produktion des Nobelfahrzeugs jedoch ein Ende. Erst 1964 entschloss man sich in Rüsselsheim, wieder einen Admiral einzuführen. Dieser Admiral A ging gemeinsam mit dem Kapitän A und dem Diplomat A an den Start. Sie unterschieden sich in Details, wobei der Admiral eine Art Luxus-Version des Kapitän darstellte. Als Antrieb diente anfangs ein Sechszylinder-Motor mit 2,6 Litern Hubraum und 100 PS Leistung. 1965 kamen zwei stärkere, 125 und 140 PS leistende Sechszylinder mit 2,8 Litern Hubraum hinzu. Außerdem wurde ab diesem Jahr der Admiral V8 angeboten.

TECHNISCHE DATEN

Bauzeit	1964–1968
Motor	Reihenmotor
Stückzahl	55876
Leistung	100 PS
Hubraum	2605 ccm
Zylinder	6
Höchstgeschwindigkeit	158 km/h
Gewicht	1380 kg
Verbrauch	12,8 l/100 km

Porsche 911

Beinahe hätte es den 911 gar nicht gegeben, doch Peugeot half bei der Geburt mit: Ursprünglich sollte er nämlich 901 heißen, doch die Franzosen hatten sich die Null zwischen zwei Buchstaben schützen lassen. 1963 auf der IAA wurde die Legende präsentiert, über ein Jahr später das erste Fahrzeug ausgeliefert. Ferdinand Porsches Enkel „Butzi" und Altmeister Erwin Komenda hatten den Nachfolger des 356 gemeinsam entwickelt. In der Folge entstanden vier Ausstattungsvarianten, davon eine mit Einspritzanlage und ein „Spar"-Modell mit nur vier Gängen. Außerdem wurde eine Cabrioversion eingeführt, die man Targa nannte. Später kamen Modelle mit größerem Hubraum hinzu, so dass das Topmodell es auf 190 PS brachte. Dieser oft als „Ur-911" bezeichnete Wagen wurde bis 1969 gefertigt.

TECHNISCHE DATEN

Bauzeit	1964–1969
Motor	luftgekühlter Boxermotor
Stückzahl	10723
Leistung	130 PS
Hubraum	1991 ccm
Zylinder	6
Höchstgeschwindigkeit	210 km/h
Gewicht	1030 kg
Verbrauch	9,2 l/100 km

Targa nannte Porsche den 1965 vorgestellten Typ mit herausnehmbarem Dachmittelteil, bei dem der Sicherheitsbügel fest installiert war. Bild: Dr. Ing. h.c. F. Porsche AG

172 Mercedes-Benz 600 (W 100)

Mercedes-Benz war immer auch die Firma der großen Staatskarossen. Diese Tradition wurde 1964 mit dem Mercedes-Benz 600 weitergeführt. Doch nicht nur Politiker, sondern auch Künstler wie John Lennon, Liz Taylor oder Herbert von Karajan legten sich diesen Wagen zu, der ihnen im Innenraum alle Freiräume gab, die man sich wünschen konnte. Der V8-Motor mit Benzin-Direkteinspritzung war neu entwickelt worden und ein Meisterstück seiner Zeit. Das weit über zweieinhalb Tonnen schwere Fahrzeug erreichte damit eine Spitzengeschwindigkeit von 205 Stundenkilometern. Auch die Beschleunigung war enorm. Eine technische Besonderheit war die Luftfederung. 1981 wurde das letzte Fahrzeug dieser Baureihe produziert.

▶ Wussten Sie schon?

Ab 1971 war der Mercedes-Benz 600 auch mit Sonderschutzausstattung zu haben, die die Insassen gegen Gewaltakte absichern sollte.

TECHNISCHE DATEN

Bauzeit	1964–1980, Sonderausführung ab 1971
Motor	M 100 V-8-Otto-Motor mit Saugrohreinspritzung
Stückzahl	2160, Sonderschutz: 16, Landaulet: 32
Leistung	250 PS
Hubraum	6332 ccm
Zylinder	8
Höchstgeschwindigkeit	205 km/h
Gewicht	2710 kg
Verbrauch	17,8 l/100 km

Das Landaulet war eine klassische Karosserieform für Repräsentationswagen. Auch bei dieser Baureihe wurden einige gefertigt. Bild: Daimler AG

VW Käfer 1300

173

Als der erste Käfer verkauft wurde, war er auf dem Segment der Kleinwagen eine Sensation. 1965 war die Zeit fortgeschritten. Andere Marken brachten Modelle auf den Markt, die den Käfer überflügelten. VW entwickelte deshalb 1965 eine technisch stark überarbeitete Version des Käfer, die die Nummer 1300 bekam. Der Hubraum wurde um 0,1 Liter vergrößert, was eine Steigerung auf 40 PS brachte. Eine Sicherheitslenksäule sowie eine Zweikreis-Bremsanlage und Scheibenbremsen sollten Fahrer und Passagiere schützen.

Der eigene Käfer – das war der Traum vieler Deutscher auch noch 1965. Bild: Volkswagen AG

TECHNISCHE DATEN

Bauzeit	1965–1970
Motor	Boxermotor
Stückzahl	k.A.
Leistung	40 PS
Hubraum	1285 ccm
Zylinder	4
Höchstgeschwindigkeit	122 km/h
Gewicht	730 kg
Verbrauch	9,5 l/100 km

Daihatsu Compagno Spider

174

Mit der Produktion des Compagno begann Daihatsu bereits 1963. Dabei handelte es sich um eine Version des Kleinwagens mit 797 Kubik. Zwei Jahre später erschien der Compagno 1000, der einen Liter Hubraum besaß. Außerdem wurde mit dem Compagno Spider ein Cabrio eingeführt, das mit beiden Motoren der geschlossenen Modelle zu haben war. Die leichter motorisierten Ausführungen wurden 1967 wieder eingestellt. Die Versionen mit dem Ein-Liter-Motor wurden noch bis 1970 produziert. Insgesamt stellte Daihatsu über 120.000 Compagno-Exemplare her.

Der Compagno Spider von Daihatsu war ein kleines, gelenkiges Cabriolet. Bild: Daihatsu

TECHNISCHE DATEN

Bauzeit	1965–1970
Motor	Daihatsu-Motor
Stückzahl	120000 (alle Compagno-Versionen)
Leistung	56 PS
Hubraum	958 ccm
Zylinder	4
Höchstgeschwindigkeit	110 km/h
Gewicht	790 kg
Verbrauch	k.A.

175 Buick Electra 225 III

Ein elektrisierender Wagen, der häufiger Gast an Tankstellen war. Bild: Norbert Höller/Pixelio

Der Electra 225 zählt zu den Oberklasse-Modellen, die von General Motors unter der Marke Buick produziert wurden. Die Zahl in der Modellbezeichnung gibt die Fahrzeuglänge in Zoll wieder. Das heißt, dass die Länge der ersten Ausführung des Electra 225 bei 5,72 Metern lag. Als 1965 die dritte Generation erschien, lag die Länge im Bereich von 5,67 bis 5,74 Metern. Der Buick Electra war von Anfang an mit einem Achtzylinder-Motor ausgestattet. Für die Exemplare der dritten Generation standen drei Versionen mit einem Hubraum von 6,6, 7,0 und 7,5 Litern zur Auswahl.

TECHNISCHE DATEN

Bauzeit	1965–1970
Motor	GM V8-Motor
Stückzahl	699472
Leistung	360 PS
Hubraum	7046 ccm
Zylinder	8
Höchstgeschwindigkeit	200 km/h
Gewicht	1845 kg
Verbrauch	k.A.

176 VW 1600 (Typ 3)

Ein hübsches Auto war der 1600 TL, doch der Motor machte anfangs Probleme. Bild: Volkswagen AG

Als „traurige Lösung“ wurde die Touren-Limousine mit Fließheck dieser nach dem Käfer und dem Bulli dritte Typ des Volkswagenwerks bezeichnet. Grund war die verplante Heckpartie, denn der Kofferraum war wegen des Heckmotors zu klein und eine Hecktüre war nicht vorgesehen. Dabei hatte er technisch eine herausragende Besonderheit zu bieten: Ende 1967 bekam der VW 1600 als erstes Serienfahrzeug der Welt eine elektronisch gesteuerte Benzineinspritzung, die D-Jetronic von Bosch. Die Karosserie des VW 1600 baute auf dem Fahrwerk des Käfer auf.

TECHNISCHE DATEN

Bauzeit	1965–1973
Motor	Boxermotor
Stückzahl	1837584 (alle 1600)
Leistung	54 PS
Hubraum	1584 ccm
Zylinder	4
Höchstgeschwindigkeit	135 km/h
Gewicht	900 kg
Verbrauch	8,5 l/100 km

Fiat 124 Sport Spider

177

Ein echter Longseller im heute doch recht schnelllebigen Autogeschäft war der Fiat 124 Sport Spider. Während die kantige Limousine immer ein bisschen nach Ostblock schmeckte – er wurde dort auch massenhaft in Lizenz gebaut –, war das Cabrio ein sehr attraktives Geschöpf maßgeschneidert von Pininfarina. Von 1966 bis 1985 wurde er gebaut und in dieser Zeit zweimal überarbeitet. Auch die Motorisierung änderte sich. Die Leistung stieg von 90 auf 105 PS, der Hubraum von 1,4 auf zwei Liter.

Pininfarinas attraktives Design. Bild: Fiat S.p.A.

TECHNISCHE DATEN

Bauzeit	1966-1985
Motor	Reihenmotor
Stückzahl	k.A.
Leistung	90 PS
Hubraum	1438 ccm
Zylinder	4
Höchstgeschwindigkeit	170 km/h
Gewicht	945 kg
Verbrauch	8,4 l/100 km

Der Fiat 124 Sport Spider war ein italienisches Auto, das vor allem in den USA verkauft wurde. Bild: Fiat S.p.A.

178 Lamborghini 400 GT Monza

Leider blieb der 400 GT Monza ein Einzelstück. Gefallen würde er sicher vielen Autonarren. Bild: Audi AG

Der Lamborghini 400 GT Monza ist ein 1966 gebautes Einzelstück, dessen Karosserie von der Firma Neri e Bonacini stammte. Ursprünglich hätte der Wagen nach den Karosseriebauern „400 GT Neri e Bonacini" heißen sollen, man verkürzte die Bezeichnung dann aber auf „Monza". Er baut auf der Basisversion 400 GT auf und hat auch dessen V12-Motor. Ein Amerikaner soll ihn bestellt haben, um am 24-Stunden-Rennen in Le Mans teilzunehmen. Probleme mit der Homologation verhinderten allerdings das Vorhaben. Schließlich hatte ihn ein Spanier gekauft, der ihn in Barcelona auf dem Autosalon gesehen hatte und sich sofort verliebte. Das Coupé begeistert noch heute durch seine klassische Formensprache, die Kraft und Anmut paart.

▶ Wussten Sie schon?
2005 wurde der Lamborghini 400 GT Monza für 177500 britische Pfund von dem Auktionshaus Bonhams versteigert.

TECHNISCHE DATEN

Bauzeit	1966–1966
Motor	V12-Motor
Stückzahl	1
Leistung	320 PS
Hubraum	3929 ccm
Zylinder	12
Höchstgeschwindigkeit	k.A.
Gewicht	k.A.
Verbrauch	k.A.

Auch der Wartburg führte die Zweitakter-Tradition fort, die man in der DDR von DKW übernommen hatte. Bild: Peter Böhlke

179

Wartburg 353

Bis kurz vor der „Wende" wurden in Eisenach die Wartburg 353 gebaut, zwischen 1975 und 1988 als verbesserte Version 353 W. Er löste die frühen Wartburg-Modelle ab. Die bedeutendste Änderung war das stark verbesserte Fahrwerk. Ansonsten glich er in sehr vielen Punkten den Vorgängern. Den Wartburg gab es als Limousine, als Kombi mit dem Beinamen „Tourist" und als Pickup „Trans". Für Polizei, Militär oder Forst-Behörden wurde ein Kübelwagen gebaut. Der Motor wurde 1969 ausgetauscht. Gleichzeitig bekam das Modell ein vollsynchronisiertes Getriebe. Für verdiente Genossen wurde auch eine Luxusversion gebaut. 1984 wurde die „de luxe"-Version durch die „S"-Ausführung abgelöst.

TECHNISCHE DATEN

Bauzeit	1966–1975
Motor	Reihen-Zweitaktmotor
Stückzahl	356330
Leistung	45 PS
Hubraum	992 ccm
Zylinder	3
Höchstgeschwindigkeit	125 km/h
Gewicht	920 kg
Verbrauch	8,5 l/100 km

Lotus Europa

Der Lotus Europa wurde von Lotus Cars von 1966 bis 1975 hergestellt. Das Gewicht des Sportwagens lag je nach Ausstattung und Version bei 600 bis 715 Kilogramm. Der Vierzylinder-Motor, der hinter der Fahrgastzelle eingebaut war, besaß einen Hubraum von 1,47 bis 1,57 Litern. Bis zu 200 Stundenkilometer schnell war der Europa, falls es die Straßenverhältnisse erlaubten. 1975 wurde die Produktion des Wagens eingestellt, nachdem über 9.000 Exemplare das Werk verlassen hatten. 2006 wurde wieder ein Europa S vorgestellt, bei dem es sich aber um eine Neuentwicklung handelte.

Wussten Sie schon?

Das Herz des Modells, der Motor, stammte von Renault, was sich in der Bezeichnung „Europa" widerspiegelt.

TECHNISCHE DATEN

Bauzeit	1966–1975
Motor	Reihenmotor
Stückzahl	9230
Leistung	121 PS
Hubraum	1558 ccm
Zylinder	4
Höchstgeschwindigkeit	200 km/h
Gewicht	715 kg
Verbrauch	k.A.

Dem Lotus Europa wurde eine einzigartige Straßenlage nachgesagt. Bild: Przemyslaw Jahr

181

Toyota 2000GT

Es gab Zeiten, da sahen viele japanische Autos noch wie freie Kopien europäischer Klassiker aus. So ist die Ähnlichkeit des Toyota 2000GT zum E-Type von Jaguar nicht zu leugnen. Nur 351 Exemplare wurden gebaut – plus zwei Cabrio-Versionen für einen James-Bond-Film. Der Sechszylinder-Reihenmotor mit zwei Litern Hubraum leistete 150 PS. So waren dem 2000GT Geschwindigkeiten bis zu 220 Stundenkilometern möglich. Konstruiert war der Wagen mit einem Zentralrohrrahmen, auf dem die Alu-Karosserie aufgebaut war. Montiert wurden die Wagen bei Yamaha. Die Öffentlichkeit bekam den Sportwagen erstmals auf der Tokyo Motor Show 1965 zu Gesicht. Der Modell trug dazu bei, das Image der japanischen Autos, die als praktikabel, aber langweilig galten, zu verändern.

TECHNISCHE DATEN

Bauzeit	1967–1970
Motor	Reihenmotor
Stückzahl	351
Leistung	150 PS
Hubraum	1988 ccm
Zylinder	6
Höchstgeschwindigkeit	220 km/h
Gewicht	1145 kg
Verbrauch	7,6 l/100 km/h

Seine Sportlichkeit stellte der 2000GT bei mehreren Rennen unter Beweis. Bild: Toyota Motor Corporation

Dieses Modell war der Dienstwagen des „unbekannten" James Bond George Lazenby. 007 blieb also noch seiner Marke treu. Bild: Aston Martin

182 Aston Martin DBS

Wer kennt ihn nicht, den gelben Sportwagen von Roger Moore alias Brett Sinclair aus der Serie „Die Zwei"? Die wenigsten wissen aber, dass es sich um einen Aston Martin DBS handelt. Dieser Wagen wurde ab 1967 gebaut und erhielt 1969 im DBS V8 einen optisch fast identischen größeren Bruder. Bei ihm war das Sechszylinder-Aggregat durch einen kräftigen V8-Motor ersetzt worden. Der DBS zitiert die über dem großen Teich erfolgreichen Muscle Cars, verzichtet aber nicht auf den klassischen britischen Chic. Allerdings hatte der Wagen die auch bei Aston Martin typischen Rundungen verloren. Eine stärkere Variante mit der üblichen Bezeichnung Vantage kostete ungewöhnlicher Weise keinen Aufpreis. Die Leistungssteigerung kam vor allem durch die Weber-Vergaser, die die hauseigene Lösung ersetzten.

Wussten Sie schon?

Den Besitzern gefiel an diesem Wagen nur eine Kleinigkeit nicht: seine besondere Anfälligkeit für Pannen.

TECHNISCHE DATEN

Bauzeit	1967–1972
Motor	V6-Motor
Stückzahl	787
Leistung	282 PS
Hubraum	3995 ccm
Zylinder	6
Höchstgeschwindigkeit	240 km/h
Gewicht	1707 kg
Verbrauch	19 l/100 km

NSU Ro 80

183

Der zweite Versuch von NSU, den Wankelmotor im Autobau durchzusetzen, war erfolgreicher. Der Ro 80 wurde immerhin zehn Jahre lang gebaut. Auch als NSU von Volkswagen übernommen wurde, hielten die neuen Entscheidungsträger an diesem Fahrzeug fest. Doch das lag nicht nur am Wankelmotor, der in diesem Modell mit zwei Kammern arbeitete. Auch das moderne aerodynamische Design, an dem sich viele andere Marken orientiert haben, die moderne technische Ausstattung und die hervorragende Laufkultur sorgten für eine zwar kleine, aber umso treuere Fangemeinde. Die ersten Probleme mit dem Zweischeiben-Wankelmotor bekam man im Laufe der Produktion in den Griff. Es mussten aber öfters defekte Motoren getauscht werden.

▶ Wussten Sie schon?
Die inzwischen klassisch gewordene Keilform des Ro 80 inspiriert bis heute die Automobildesigner.

Der NSU Ro 80. Bild: Michael Dörflinger

TECHNISCHE DATEN

Bauzeit	1967–1977
Motor	2-Scheiben-Wankelmotor
Stückzahl	38052
Leistung	115 PS
Kammervolumen	995 ccm
Brennkammern	2
Höchstgeschwindigkeit	180 km/h
Gewicht	1290 kg
Verbrauch	16,1 l/100 km

Der Ro 80 wurde 1967 zu Europas Auto des Jahres gewählt. Bild: Audi AG

184 Simca 1100 GLS (Talbot 1100)

Mit über 2,1 Millionen verkauften Exemplaren gehört der Simca 1100 zu den besonders erfolgreichen Modellen der Siebziger. Bild: Peugeot Deutschland GmbH

Mit diesem Modell war auch Simca dazu übergegangen, seine Autos mit einem Frontantrieb auszustatten. Man merkte dem Wagen die dreijährige Planungszeit an: Technik und Design waren durchdacht. Er war der erste Kompaktwagen und begründete eine eigene Klasse, die seitdem aus dem Autobau nicht mehr wegzudenken ist. Dazu gehörte auch die gut konzipierte Heckklappe. Mit der Übernahme von Chrysler-Simca durch Peugeot wurde das Auto ab 1980 als Talbot 1100 verkauft. Es gab Motorisierungen von 48 bis 82 PS, das gezeigte Modell GLS hatte 60 PS.

Wussten Sie schon?
Ab 1980 wurde dieses Fahrzeug nach der Übernahme durch Peugeot noch zwei Jahre unter dem Namen Talbot 1100 verkauft.

TECHNISCHE DATEN

Bauzeit	1967–1981
Motor	Reihenmotor
Stückzahl	2188737 (alle 1100)
Leistung	60 PS
Hubraum	1118 ccm
Zylinder	4
Höchstgeschwindigkeit	150 km/h
Gewicht	920 kg
Verbrauch	k.A.

Als Talbot 1100. Bild: Peugeot Deutschland GmbH

185

Chrysler 300 (Serie DC2-M)

Von Chrysler wurden im Laufe der Zeit mehrere Modelle mit der Bezeichnung 300 angeboten. Die Serie DC2-M gehörte zur so genannten „Non-Letter-Series", die 1962 gestartet wurde. Die erste Version knüpfte an das Modell 300H der „Letter-Series" an. Jeder Jahrgang der Baureihe erhielt eine eigene Bezeichnung. Bei der DC2-M-Serie von 1968 wurden nur wenige äußerliche Details geändert. Die bereits ein Jahr vorher eingeführte flache, langgestreckte Karosserie blieb ebenso wie der 7,2-Liter-Motor, der 350 PS leistete.

Die lange und flache Karosserie des 300 DC2-M entsprach dem Geschmack der Zeit. Bild: Chrysler Group

TECHNISCHE DATEN

Bauzeit	1968
Motor	Chrysler V8-Motor
Stückzahl	34621
Leistung	350 PS
Hubraum	7221 ccm
Zylinder	8
Höchstgeschwindigkeit	193 km/h
Gewicht	1862 kg
Verbrauch	k.A.

186

Plymouth Road Runner

Plymouth war ein Geschäftsbereich von Chrysler, der sich mit der Produktion von preisgünstigen Autos beschäftigte. Dieses Ziel hatte man auch im Auge, als man 1968 den Road Runner auf den Markt brachte. Es sollte sich um ein Muscle Car handeln, bei dem das Hauptaugenmerk auf der Performance lag und der Preis unterhalb der 3.000-Dollar-Marke blieb. Die Verkäufe überschritten bereits im ersten Jahr bei weitem die Erwartungen. Der Road Runner wurde bis 1980 in verschiedenen Ausführungen produziert.

An Komfort hatte der Road Runner nicht viel zu bieten. Dafür hatte er jede Menge Power unter der Haube. Bild: Christopher Ziemnowicz

TECHNISCHE DATEN

Bauzeit	1968
Motor	V8-Motor
Stückzahl	ca. 45000
Leistung	335 PS
Hubraum	6300 ccm
Zylinder	8
Höchstgeschwindigkeit	k.A.
Gewicht	1542 kg
Verbrauch	k.A.

187 Lamborghini Miura Roadster

Das Traumauto blieb ein Einzelstück: Der Lamborghini Miura Roadster. Bild: Lamborghini

Der Lamborghini Miura Jota Roadster ist ein Unikat geblieben. Als er 1968 fertig gestellt war, konnte man zwar von der einmaligen Gestaltung der Karosserie von Bertone schwärmen, doch gab es Probleme, da der Roadster besonders bei höheren Geschwindigkeiten nicht stabil genug gebaut war. Die Mehrkosten wären zu groß gewesen, weshalb man dieses Projekt aufgab. Der Wagen ist allerdings noch erhalten. Er befindet sich heute im Besitz eines Immobilienhändlers.

TECHNISCHE DATEN

Bauzeit	1968
Motor	V12-Motor
Stückzahl	1
Leistung	350 PS
Hubraum	3929 ccm
Zylinder	12
Höchstgeschwindigkeit	259 km/h
Gewicht	k.A.
Verbrauch	k.A.

188 Lamborghini Islero

Der Islero wurde nach einem Kampfstier benannt. Bild: Lamborghini

Der Islero gehört zu den frühen Lamborghini-Modellen. Sein Name stammt von einem berühmten Kampfstier, der einen Stierkämpfer getötet hatte, dabei sieht er doch so unschuldig aus. Als Antrieb des Islero diente ein Zwölfzylinder-Motor, der eine Leistung von 330 PS erbrachte. Die Höchstgeschwindigkeit lag bei 260 km/h. Insgesamt vier Personen fanden in dem Coupé Platz. 1969 wurde der Islero mit einem stärkeren Motor ausgerüstet. Diese Islero S genannte Version hatte eine Maximalleistung von 340 PS.

TECHNISCHE DATEN

Bauzeit	1968–1970
Motor	V12-Motor
Stückzahl	230
Leistung	330 PS
Hubraum	3929 ccm
Zylinder	12
Höchstgeschwindigkeit	260 km/h
Gewicht	1270 kg
Verbrauch	k.A.

Dodge Charger R/T

Charger war bei Dodge die Bezeichnung für mehrere unterschiedliche Modelle. Der erste Charger kam 1965 auf den Markt. In den folgenden Jahren wurde er immer wieder Änderungen im Design und bei der technischen Ausstattung unterworfen. Für das Jahr 1968 hatten die Entwickler von Chrysler dem Charger eine neue Karosserie spendiert. Außerdem wurde in diesem Jahr für besonders sportliche Fahrer eine Road-and-Track-Version (R/T) eingeführt. Diese Variante war für den Straßenverkehr und den Einsatz auf Rennstrecken gedacht. Er legte einen guten Start hin: Alleine 1968 fanden etwa 17.000 Stück einen Käufer.

▶ Wussten Sie schon?

Der 7,2 Liter große Motor war Standard. Optional war der Wagen mit einem sieben Liter großen Motor zu haben.

Der sportliche Charger R/T. Bild: Hans J. Schippers

TECHNISCHE DATEN

Bauzeit	1968–1970
Motor	V8-Motor
Stückzahl	über 17.000
Leistung	375 PS
Hubraum	7210 ccm
Zylinder	8
Höchstgeschwindigkeit	240 km/h
Gewicht	1477 kg
Verbrauch	k.A.

Wem die ohnehin schon gut motorisierte Normalversion des Charger nicht reichte, der konnte sich die R/T-Variante bestellen. Bild: Wallygarza

190 Mercedes-Benz 280 SL (W 113)

1963 wurde der 230 SL vorgestellt, der eine Serie aus drei Modellen eröffnete, die zur Baureihe W 113 zählen. Er wurde 1967 durch den stärkeren 250 SL abgelöst, ein Jahr darauf kam der 280 SL hinzu, das stärkste und wie viele meinen schönste Modell dieser Reihe. Es handelte sich um Cabrios, die ein Hardtop bekamen, das ihnen den Spitznamen „Pagode" bescherte. Dieses Verdeck war nämlich nach innen gewölbt und erinnerte Spötter an fernöstliche Tempelarchitektur. Diese Modelle waren die ersten SL mit Knautschzone.

Wussten Sie schon?
Es gibt einen von Mercedes-Benz anerkannten und geförderten Pagoden-Club: den Mercedes-Benz SL Club Pagode.

Zwei Damen unter der Pagode. Bild: Daimler AG

TECHNISCHE DATEN

Bauzeit	1968–1971
Motor	M 130 Otto-Reihenmotor Saugrohreinspritzung
Stückzahl	23885
Leistung	170 PS
Hubraum	2778 ccm
Zylinder	6
Höchstgeschwindigkeit	200 km/h
Gewicht	1360 kg
Verbrauch	11,4 l/100 km

Der 280 SL gefällt auch seinem Mitschöpfer Béla Barényi, der maßgeblich dazu beitrug, die Mercedes-Fahrzeuge zu den sichersten ihrer Zeit zu machen. Bild: Daimler AG

Die 4,2-Liter-Version des XJ 6 war mit einem kurzen und einem langen Radstand erhältlich. Der Unterschied betrug zehn Zentimeter. Bild: Jaguar Cars Limited

191

Jaguar XJ6 Serie 1

Jaguar führte 1968 eine neue Baureihe von Limousinen der Oberklasse ein. Den Anfang machte das Sechszylinder-Modell XJ 6. Unter der Motorhaube arbeitete der bewährte Jaguar XK-Motor in Versionen mit 2,8 und 4,2 Litern. 1969 kam ein Daimler Sovereign, der mit dem XJ 6 fast identisch war, auf den Markt. 1972 stellten die „Raubtierzüchter" den XJ 12 vor, der von einem Zwölfzylinder-Motor angetrieben wurde. Im folgenden Jahr wurden die ersten XJ-Modelle von der zweiten Serie abgelöst. Der Grund dafür waren neue gesetzliche Bestimmungen für den amerikanischen Markt.

TECHNISCHE DATEN

Bauzeit	1968–1973
Motor	Reihenmotor
Stückzahl	79273
Leistung	248 PS
Hubraum	4235 ccm
Zylinder	6
Höchstgeschwindigkeit	205 km/h
Gewicht	1680 kg
Verbrauch	19 l/100 km

Seine vorgesehene Rolle als Käfer-Killer konnte der Ford Escort nicht erfüllen. Bild: Ford Motor Company

192 Ford Escort '68 (Escort I)

Die erste Generation des Ford Escort wurde von 1968 bis 1974 produziert, weshalb der Escort I auch als Escort '68 bezeichnet wird. Der Escort war als kleines Familienauto konzipiert und vom britischen Ford-Ableger entwickelt worden. Die Produktion erfolgte in der bei Liverpool gelegenen Stadt Halewood. In Großbritannien erwies sich der Ford Escort als sofortiger Erfolg. Er übertraf sogar die kühnsten Verkaufserwartungen. In Deutschland sollte er jedoch als Konkurrent des VW Käfer antreten – eine Erwartung, die er nicht erfüllen konnte.

TECHNISCHE DATEN

Bauzeit	1968–1974
Motor	Reihenmotor
Stückzahl	2140000
Leistung	56 PS
Hubraum	1117 ccm
Zylinder	4
Höchstgeschwindigkeit	146 km/h
Gewicht	810 kg
Verbrauch	k.A.

Renault 16 TS

193

1966 wurde der R 16 zu Europas Auto des Jahres gewählt – vor dem Silver Shadow von Rolls-Royce. Bild: Renault

Ein Modell, das als typisch französisch gelten kann, ist der über 1,8 Millionen Mal verkaufte Renault 16. Anders als die meisten Vorgängermodelle wurde er nicht von Italienern, sondern von zwei Galliern designt. Der in der Normandie gefertigte Mittelklassewagen wurde 1968 in der gehobeneren Ausstattung als 16 TS präsentiert, die hier vorgestellt wird. Er war 25 km/h schneller als das Basismodell. Renault war auf den Frontmotor mit Frontantrieb umgestiegen. Das Aggregat war aus Aluminium gefertigt und war längs hinter der Vorderachse platziert.

▶ Wussten Sie schon?

Für das Design des R 16 war Gaston Juchet zuständig. Er gewann 1976 den „Grand Prix de l'Esthétique Industrielle".

Der Renault 16 TS in Grün. Bild: Renault

TECHNISCHE DATEN

Bauzeit	1968–1976
Motor	Reihenmotor
Stückzahl	1845959 (alle Versionen)
Leistung	85 PS
Hubraum	1565 ccm
Zylinder	4
Höchstgeschwindigkeit	165 km/h
Gewicht	1060 kg
Verbrauch	10 l/100 km

194 Lamborghini Espada 400 GT

Einen fast ungehinderten Blick in alle Richtungen hat der Fahrer des Lamborghini Espada dank seines von der Carrozzeria Bertone entworfenen Designs. Der viersitzige Sportwagen wurde einem größeren Publikum erstmals 1967 auf dem Genfer Auto-Salon vorgestellt. Die Motorleistung lag bis 1970 bei 325 PS. Mit dem Start der zweiten Generation wurde dieser Wert auf 350 PS erhöht. Änderungen im Design blieben im Laufe der Produktionszeit, die bis 1978 dauerte, gering. Der Espada erwies sich als das bis dahin erfolgreichste Lamborghini-Modell.

▶ Wussten Sie schon?

1969 drehten Fürst Rainier und Gracia Patricia vor dem Grand-Prix-Rennen in Monaco eine Runde mit einem Espada.

TECHNISCHE DATEN

Bauzeit	1968–1978
Motor	V12-Motor
Stückzahl	1217
Leistung	350 PS
Hubraum	3929 ccm
Zylinder	12
Höchstgeschwindigkeit	240 km/h
Gewicht	1635 kg
Verbrauch	22 l/100 km

Die großzügige Verglasung des Espada ermöglichte eine hervorragende Aussicht. Bild: Michael Dörflinger

Peugeot 504

1969 war der Peugeot 504 Auto des Jahres in Europa. Bild: Peugeot Deutschland GmbH

Der in Deutschland wahrscheinlich beliebteste Peugeot der Nachkriegszeit hieß 504 und war der Nachfolger des Erfolgsmodells 404. Er wurde in Kenia noch bis 2005 gebaut, in Europa lief die Produktion bereits 1983 zugunsten des 505 aus. Dieser war 1979 erschienen. Fast schon traditionell ließ Peugeot also wieder beide Modelle eine Zeitlang parallel laufen. Neu waren die Einzelradaufhängung hinten, Scheibenbremsen an allen vier Rädern und die Sicherheitskarosserie mit Knautschzonen. Wieder war auch eine Dieselvariante erhältlich.

Wussten Sie schon?

Der Peugeot 504 wurde in mehreren Ländern produziert, darunter Kenia, Nigeria, Argentinien und China.

TECHNISCHE DATEN

Bauzeit	1968–2005
Motor	Reihenmotor Vergaser oder Einspritzer
Stückzahl	3711556
Leistung	94 PS
Hubraum	1971 ccm
Zylinder	4
Höchstgeschwindigkeit	175 km/h
Gewicht	1200 kg
Verbrauch	11 l/100 km

196

Porsche 914

VW und Karmann suchten einen Nachfolger für den veralteten Karmann Ghia, Porsche wollte gern ein Einstiegsmodell haben. Da kamen die beiden Firmen überein, ein gemeinsames Projekt umzusetzen. Das Ergebnis war der VW-Porsche oder Porsche 914, der zwischen 1969 und 1976 gefertigt wurde. Der bei Karmann gebaute Wagen hatte einen Vierzylinder-Boxermotor, der bei Porsche montierte einen Sechszylinder-Boxermotor. Leistungsmäßig brachte das 80 und 110 PS. Der Sechszylinder wurde aber bereits 1972 wieder eingestellt. Vom Vierzylinder wurden rund 120.000 Stück gebaut.

▶ **Wussten Sie schon?**

Von der Vierzylindervariante des Porsche 914 verkauften sich bedeutend mehr als von der Sechszylinderversion.

Ein würdiger Nachfolger des Karmann Ghia, VWs Vierzylinderversion. Bild: Volkswagen AG

TECHNISCHE DATEN	
Bauzeit	1969-1976
Motor	Boxermotor
Stückzahl	3353 (nur Sechszylinder)
Leistung	110 PS
Hubraum	1991 ccm
Zylinder	6
Höchstgeschwindigkeit	201 km/h
Gewicht	980 kg
Verbrauch	11.7 l/100 km

Der Porsche 914 entstand in Kooperation mit Volkswagen,hier der Sechszylinder. Bild: Dr. Ing. h.c. F. Porsche AG

197

Opel Diplomat B

Opel führte 1969 die zweite Generation der KAD-Modelle ein. Es handelte sich dabei um den Kapitän, den Admiral und den Diplomat, die alle drei die gleiche Karosserieform besaßen. Zu den Neuerungen gehörte die De-Dion-Hinterachse. Der Motor konnte eine Maximalleistung von 145 PS oder 165 PS erbringen. Der ebenfalls erhältliche V8-Motor von Chevrolet leistete 230 PS. Von den KAD-Modellen wurden 1970 der Kapitän und 1976 der Admiral eingestellt. Der Diplomat wurde noch ein Jahr länger gebaut. Aber insgesamt blieben die Verkaufszahlen hinter den Erwartungen zurück. Ein Grund dafür lag unter anderem in der Ölkrise.

Obwohl der Diplomat viel Raum und Leistung bot, blieb der große Erfolg aus. Bild: Adam Opel GmbH

TECHNISCHE DATEN

Bauzeit	1969–1977
Motor	Reihenmotor
Stückzahl	23500
Leistung	165 PS
Hubraum	2784 ccm
Zylinder	6
Höchstgeschwindigkeit	185 km/h
Gewicht	1690 kg
Verbrauch	16,5 l/100 km

198

Datsun 240Z

Datsun war ein ursprünglich selbständiger japanischer Autobauer, wurde aber 1933 Teil von Nissan. Datsun bestand jedoch als Automarke weiter. Zu den großen Erfolgsmodellen zählte der 240Z, der als kleinster Vertreter mit dem 260Z und dem 280Z die Z-Reihe bildete. Annähernd eine halbe Million Exemplare dieser Baureihe wurden verkauft. Der 240Z wurde für den Exportmarkt mit einem Motor mit 2,4 Litern Hubraum angeboten. In Japan war er lediglich mit einem Zwei-Liter-Aggregat erhältlich.

Das kleinste Mitglied der erfolgreichen Z-Serie von Datsun war der 240Z. Bild: Nissan

TECHNISCHE DATEN

Bauzeit	1969–1978
Motor	Reihenmotor
Stückzahl	150076
Leistung	163 PS
Hubraum	2393 ccm
Zylinder	6
Höchstgeschwindigkeit	201 km/h
Gewicht	1026 kg
Verbrauch	11 l/100 km

Drei Generationen des C 111: Vorne rechts: C 111-II aus dem Jahre 1970, vorne links: C 111-I aus dem Jahre 1969, im Hintergrund: Erste Prototypen-Version des C 111-I. Bild: Daimler AG

199 Mercedes-Benz C 111-II

Nein, ein Serienauto war das nicht. Die C-Reihe bestand aus mehreren Fahrzeugen, die vor allem zu Versuchszwecken gebaut wurden. 1969 experimentierte man mit einem Dreischeiben-Wankelmotor. Die Materialien, mit denen der Wagen gefertigt wurde, waren hochwertige Werkstoffe, die Karosserie war aus Fiberglas. Der C 111-II wurde 1970 gebaut. Es gab ihn mit einem Vierscheiben-Wankelmotor und außerdem mit einem Fünfzylinder-Turbo-Dieselmotor (190 PS), mit dem jede Menge Weltrekorde eingefahren wurden. Die angegebenen Daten entsprechen dem Exemplar mit Wankelmotor. Die Version IV mit V8-Motor erzielte den Weltrekord von 403,978 km/h. Es blieb bei dem Dutzend Exemplare, denn der C 111 wurde nie in Serie gefertigt.

Wussten Sie schon?

Mit der Diesel-Version des C 111-II brach Mercedes-Benz 1976 sämtliche Geschwindigkeitsweltrekorde.

TECHNISCHE DATEN

Bauzeit	1970
Motor	Vierscheiben-Wankelmotor
Stückzahl	13
Leistung	350 PS
Kammervolumen	4600 ccm
Brennkammern	4
Höchstgeschwindigkeit	300 km/h
Gewicht	1373 kg
Verbrauch	19,5 l/100 km

Ford Capri RS 2600

Eines der großen Kultautos der 1970er-Jahre war der Ford Capri, der 1968 eingeführt wurde. Zuerst in Deutschland und England gebaut, ließ ihn Ford später auch in den USA, Südafrika und Australien fertigen. Zwei Jahre später wurde die Modellpalette um den 150 PS starken RS 2600 nach oben erweitert. Dieser konnte mit den stärksten Sportwagen seiner Zeit konkurrieren, sogar mit dem 40 PS stärkeren Porsche 911 S. Das um 16.000 DM teure Fahrzeug mit tiefer gelegtem Fahrwerk wurde mit mechanischer Einspritzanlage von Kugelfischer geliefert. Eigens für den RS entwarfen die Ford-Designer passende Schalensitze.

Als Oldtimer unterwegs. Bild: André Karwath

TECHNISCHE DATEN

Bauzeit	1970–1973
Motor	V6-Motor
Stückzahl	1886647 (alle Capri-Generationen)
Leistung	150 PS
Hubraum	2615 ccm
Zylinder	6
Höchstgeschwindigkeit	206 km/h
Gewicht	1050 kg
Verbrauch	k.A.

Kraft und Dynamik zeichnen den „Porsche-Jäger“ RS 2600 aus. Bild: Ford-Werke GmbH, Köln

201

Citroën SM

Die SM hatte einen Maserati-Motor erhalten und besaß technische Feinheiten der Franzosen. Bild: Citroën

Nach der „Göttin" glaubten viele, der SM sei „Sa majesté", also Seine Majestät, aber eigentlich bedeutet SM „Serie Maserati", denn Citroën hatte 1968 die italienische Sportwagenfirma gekauft und in diesem Modell einen ihrer Motoren verbaut. Viele Errungenschaften wie das Einspeichenlenkrad, das Kurvenlicht, geschwindigkeitsabhängige Servolenkung, das Getriebe der DS, deren hydropneumatische Federung waren bei den Franzosen bereits bewährt. Das Auto war mit 220 km/h „Spitze" lange der schnellste Serienwagen mit Frontantrieb. Leider war die ambitionierte Technik nicht immer optimal umgesetzt. Der Motor war nicht ausgereift genug für die Anforderungen, die Fertigungsqualität bot Anlass zu häufigen Reklamationen. Nach der Übernahme durch Peugeot wurde das Modell eingestellt.

▶ **Wussten Sie schon?**
Lediglich 12.000 Exemplare dieser technisch vielleicht überfrachteten Maschine konnte Citroën verkaufen.

TECHNISCHE DATEN

Bauzeit	1970–1975
Motor	Maserati V-Motor
Stückzahl	12920
Leistung	180 PS
Hubraum	2670 ccm
Zylinder	6
Höchstgeschwindigkeit	220 km/h
Gewicht	1460 kg
Verbrauch	12,5 l/100 km

VW K 70

Der K 70 war das erste Modell von Volkswagen mit wassergekühltem Frontmotor und Frontantrieb. Allerdings stammte er nicht von den Konstrukteuren in Wolfsburg, sondern er wurde bei NSU entworfen. Für die eher konservativen Kunden war der K 70 eine Umgewöhnung. Auch der großzügige Innenraum war für VW etwas Neues. Das kantige Design wirkte bei den neuen Modellen Passat, Golf oder Scirocco weiter. VW startete mit einer 75 PS und einer 90 PS starken Version. 1973 kam schließlich ein hubraumstärkeres Modell mit 100 PS heraus.

▶ Wussten Sie schon?

NSU hatte auch eine Fließheck- und einen Kombiversion des Modells entwickelt, die jedoch nicht übernommen wurden.

1972 wurden beim K 70 L die Doppelscheinwerfer eingeführt. Bild: Charles01

TECHNISCHE DATEN

Bauzeit	1970–1975
Motor	Reihenmotor
Stückzahl	211127
Leistung	75 PS
Hubraum	1605 ccm
Zylinder	4
Höchstgeschwindigkeit	148 km/h
Gewicht	1060 kg
Verbrauch	12,6 l/100 km

Der K 70 war eine Entwicklung von NSU, die ursprünglich neben den Ro 80 gestellt werden sollte. Bild: Michael Dörflinger

203 Chevrolet Camaro II

Der Chevrolet Camaro der zweiten Generation hatte ein sportliches Aussehen. Bild: David Saunders

Wie viele andere Modelle der General-Motors-Marken durchlief auch der Chevrolet Camaro mehrere Entwicklungsstufen. Die zweite Generation des Camaro wurde im Februar 1970 gestartet. Von den Vorgängern unterschieden sich die Angehörigen dieser Generation durch ein sportlicheres Äußeres, bei dem sich die Designer ihre Inspiration von Jaguar, Ferrari und Aston Martin holten. Im Laufe der zwölf Jahre, in denen die zweite Camaro-Generation produziert wurde, kam es zu mehreren Änderungen im Styling und in der Technik.

Wussten Sie schon?

1972 stand die Zukunft des Camaro auf der Kippe. GM entschied sich schließlich doch für die Weiterproduktion.

TECHNISCHE DATEN

Bauzeit	1970–1981
Motor	GM V8-Motor
Stückzahl	k.A.
Leistung	157 PS
Hubraum	5000 ccm
Zylinder	8
Höchstgeschwindigkeit	180 km/h
Gewicht	1565 kg
Verbrauch	16 l/100 km

Der Camaro ganz in Weiß. Bild: dave_7

Oldsmobile 442 (Modelljahr 1971)

Von General Motors wurden von 1964 bis 1991 Modelle mit der Bezeichnung Oldsmobile 442 hergestellt. In den ersten Jahren handelte es sich dabei jedoch nur um ein Ausstattungspaket für den Oldsmobile F-85. Erst 1968 tauchte der 442 als eigenständiges Modell auf. Das zu den Muscle Cars zählende Modell erlebte jedes Jahr Änderungen bei der Ausstattung und den technischen Details, dementsprechend unterschiedlich sind auch die Leistungsangaben. Der Achtzylinder-Motor von 1971 sorgte für eine Leistung von 264 PS mit einem Hubraum von 7,5 Litern.

Mit geschlossenem Verdeck.

TECHNISCHE DATEN

Bauzeit	1971
Motor	V8-Motor
Stückzahl	k.A.
Leistung	264 PS
Hubraum	7469 ccm
Zylinder	8
Höchstgeschwindigkeit	k.A.
Gewicht	1730 kg
Verbrauch	k.A.

Mit seiner Kraft musste der Muscle Car Oldsmobile 442 nicht geizen. Dafür sorgte der Achtzylinder-Motor.
Bild: General Motors

Dieses Fahrzeug wurde zum 40-jährigen Jubiläum aus Originalbauteilen neu gefertigt. Bild: BMW AG

205 BMW 2002 tii

In den 1960er-Jahren machte man sich in München Gedanken und stellte fest, dass dem Markt eine Kompaktlimousine mit sportlicher Note fehlte. Die Konstrukteure machten sich an die Arbeit und entwickelten aus der 1961 entstandenen „Neuen Klasse" das gewünschte Auto. 1966 wurde mit dem 1600-2 das erste Modell dieser sportlichen Baureihe vorgestellt, die als BMW 02 (sprich: Nullzwei) bekannt wurde. Die Ziffer kommt daher, dass alle Modelle nur zwei Türen hatten. Ein Spitzenmodell dieser Serie war der 1971 vorgestellte 2002 tii mit 130 PS. Dagegen hatte das Basismodell nur 85 PS. Grund für die Leistungssteigerung war die mechanische Einspritzanlage von Kugelfischer, die im Rennsport verbreitet war und sogar in der Formel I verwendet wurde. Man konnte wählen zwischen dem normalen Viergang-Getriebe, einem Fünfgang-Sportgetriebe oder einer Automatik. Serienmäßig wurde in alle 02 eine Gemmerlenkung eingebaut. 2006 wurde ein Exemplar dieses Modells aus Originalteilen gefertigt, um den 40. Geburtstag der Reihe würdig zu feiern.

Wussten Sie schon?

Der „Nullzwei" versinnbildlicht für viele die unbeschwerte Zeit der Freiheit nach den Veränderungen von 1968.

TECHNISCHE DATEN

Bauzeit	1971–1975
Motor	Reihenmotor
Stückzahl	1952
Leistung	130 PS
Hubraum	1990 ccm
Zylinder	4
Höchstgeschwindigkeit	185 km/h
Gewicht	1026 kg
Verbrauch	9 l/100 km

Jaguar E-Type Serie III

Mit dem Fauchen einer Katze wird der Klang des E-Type von manchen Jaguar-Fans verglichen. Bild: Jaguar Cars Limited

Der E-Type wurde von dem britischen Sportwagenhersteller Jaguar ab 1961 produziert. Auf der amerikanischen Seite des Atlantiks, wo er besonders erfolgreich war, wurde er als XK-E vertrieben. Die erste und zweite Serie des E-Type wurden von einem Sechszylinder-Reihenmotor angetrieben. Bei der dritten Serie entschieden sich die Konstrukteure für einen Zwölfzylinder-V-Motor, der einen Hubraum von 5,3 Litern hatte und 276 PS leistete. Bis zu vier Personen konnten in dem Jaguar mitfahren. Heute zählt der E-Type zu den begehrtesten Oldtimern.

Das Verdeck ist geöffnet. Bild: Jaguar Cars Limited

TECHNISCHE DATEN

Bauzeit	1971–1975
Motor	V12-Motor
Stückzahl	15290
Leistung	276 PS
Hubraum	5343 ccm
Zylinder	12
Höchstgeschwindigkeit	245 km/h
Gewicht	1520 kg
Verbrauch	k.A.

207 Land Rover Series III 109

Der Name Land Rover bezeichnete ursprünglich Geländewagen, die von der britischen Firma Rover produziert wurden. Der erste Rover dieser Art kam 1948 auf den Markt und wurde bis 1958 hergestellt. Rückwirkend wurde dieses Modell als Serie I bezeichnet. Die Serie III ging 1971 an der Start. Dieses Modell verkaufte Rover in zwei Ausführungen, die sich durch ihren Radstand unterschieden. Die längere Version besaß einen Achsabstand von 109 Zoll (2.769 Millimeter), bei der kürzeren lag dieser Wert bei 88 Zoll (2.235 Millimeter).

Wussten Sie schon?
Land Rover gehört zur Firma Jaguar Land Rover Automotive, die seit 2008 Teil der indischen Tata-Gruppe ist.

Frontansicht der Series III. Bild: Oiler/Pixelio

TECHNISCHE DATEN

Bauzeit	1971–1983
Motor	Reihenmotor
Stückzahl	k.A.
Leistung	71 PS
Hubraum	2286 ccm
Zylinder	4
Höchstgeschwindigkeit	113 km/h
Gewicht	1400 kg
Verbrauch	17,2 l/100 km

Wo es für normale Pkw zu holprig wurde, kam der Land Rover zum Einsatz. Bild: Oiler/Pixelio

Bei zahlreichen Rallyes stellte der Fiat 124 Abarth seine Leistungsfähigkeit unter Beweis. Bild: FIAT S.p.A.

208 Fiat 124 Abarth Rally

Abarth ist ein Markenname, der von Fiat für die leistungsstarken Modelle des Turiner Autoherstellers benutzt wird. Der Name stammt von dem österreichischen Rennfahrer Karl Abarth, der 1949 in Bologna ein eigenes Unternehmen gründete, um kleine Sportwagen zu bauen und Modelle anderer Hersteller renntauglich zu machen. Ende 1971, nachdem Abarth von Fiat übernommen worden war, begann man, eine Rallye-Version des Fiat 124 Sport Spider zu schaffen. Ende 1972 war der Fiat 124 Abarth Rally einsatzbereit.

▶ Wussten Sie schon?

Beim Fiat 124 Abarth wurde auf Stoßstangen verzichtet, um die Belüftung der Bremsen zu gewährleisten.

Fahrzeuge der Rennabteilung.

TECHNISCHE DATEN

Bauzeit	1972–1974
Motor	Reihenmotor
Stückzahl	1013
Leistung	200 PS
Hubraum	1756 ccm
Zylinder	4
Höchstgeschwindigkeit	190 km/h
Gewicht	900 kg
Verbrauch	12,8 l/100 km

209 Opel Commodore B GS/E

Der Opel Commodore kam 1967 als eine gehobene Version des Opel Rekord auf den Markt. Das gleiche galt für die zweite Generation, die 1972 eingeführt wurde. Als Motor stand ein Sechszylinder-Aggregat zur Verfügung. Der Hubraum konnte bei 2,5 oder 2,8 Litern liegen. In der GS/E-Ausführung war nur die größere Variante des Motors mit der Benzineinspritzanlage D-Jetronic von Bosch erhältlich. Diese Ausführung leistete 160 PS und war damit die stärkste Variante des Commodore B. Der GS/E war bis zu 200 km/h schnell.

▶ Wussten Sie schon?

Als Zusatzausstattung waren für den Commodore B ein Drei-Gang-Automatikgetriebe und eine Servolenkung erhältlich.

TECHNISCHE DATEN

Bauzeit	1972–1977
Motor	Reihenmotor
Stückzahl	42279
Leistung	160 PS
Hubraum	2784 ccm
Zylinder	6
Höchstgeschwindigkeit	200 km/h
Gewicht	1305 kg
Verbrauch	17 l/100 km

Der Commodore GS/E galt für Opel-Fans als das Sportcoupé schlechthin. Bild: Sammlung Dörflinger

Audi 80 GLS (B1) Typ 82

Die Auto Union der vier Firmen DKW, Audi, Horch und Wanderer war eigentlich nur noch Makulatur, als Volkswagen 1965 deren Reste von Daimler-Benz übernahm. Doch dann begann ein Wunder, das in der Wirtschaftsgeschichte wohl einmalig ist. Die Marke Audi wurde wiederbelebt und VW baute in Ingolstadt Pkw mit Frontantrieb, während in Wolfsburg noch der Heckantrieb regierte. Heute gilt Audi als eine der wichtigsten deutschen Automarken. Mit dem Audi 80 entstand 1972 ein Fahrzeug, das vielfach als Beamten- oder Rentnerauto verrufen war, weil diese Käuferschicht gerne auf ihn zurückgriff. Der Audi 80 war aber ein sehr zuverlässiges Auto, das relativ sparsam und dennoch spritzig fuhr und als erstes Serienauto eine bremsstabile Lenkung hatte. 1973 wurde er sogar das Auto des Jahres. 1976 unterzog Audi das Modell einem Facelifting und passte es an den Audi 100 an. Offensichtlichste Änderung waren die nun eckigen Scheinwerfer. Die am besten ausgestattete Version war der Audi 80 GLS, dessen Innenausstattung deutlich nobler war.

▶ Wussten Sie schon?

Bei den ersten Audi 80 war das Design noch sehr viel kantiger als beim späteren bekannten B4-Modell.

TECHNISCHE DATEN

Bauzeit	1972–1978
Motor	Reihenmotor
Stückzahl	1103766 (alle B1)
Leistung	85 PS
Hubraum	1471 ccm
Zylinder	4
Höchstgeschwindigkeit	181 km/h
Gewicht	880 kg
Verbrauch	11 l/100 km

Nach dem Facelifting von 1976 wurde der Typ 80 intern zum Typ 82. Bild: Audi AG

Kennzeichen des Simca 1000 Rallye 2 war die schwarz lackierte Motorhaube. Bild: Peugeot Deutschland GmbH

211 Simca 1000 Rallye 2

Wenn man ihn sieht, denkt man sofort an Fiat. Nicht zu Unrecht, denn der Simca 1000 war auf das Modell 850 der Italiener aufgebaut. Besonders die französische Jugend der Siebziger schwärmte für die Rallye-Variante, die mit der Version 2 von 1972 auch bei offiziellen Rennen viele Siege einfahren konnte und sogar mit dem Porsche 911 kämpfte. Dieses Modell hatte einen einen drehzahlfreudigen Motor mit Solex-Doppelvergaser. Um aus der Höchstgeschwindigkeit von bis zu 170 km/h sicher zum Stehen zu kommen, besaß es vier Scheibenbremsen.

▶ **Wussten Sie schon?**
Designer des Simca 1000 Rallye war Mario Revelli di Beaumont, der bereits für Pininfarina, Fiat und GM gearbeitet hatte.

Jugendliebe. Bild: Peugeot Deutschland GmbH

TECHNISCHE DATEN

Bauzeit	1972–1978
Motor	Reihenmotor
Stückzahl	1935098 (alle 1000)
Leistung	86 PS
Hubraum	1294 ccm
Zylinder	4
Höchstgeschwindigkeit	170 km/h
Gewicht	860 kg
Verbrauch	k.A.

VW Käfer 1303 Cabrio

Ein Kultmobil mit Fahrtwindfeeling für Retrofans war das Käfer-Cabrio 1303. Es wurde 1972 erstmals zusammengesetzt, aber 1974 nicht etwa eingestellt, als der Golf ins Programm aufgenommen wurde, sondern die Firma Karmann baute dieses Modell noch bis 1980 weiter. Der Vierzylinder-Boxermotor war weiterhin luftgekühlt. Man konnte zwischen 44 und 50 PS wählen. Als der Golf 1980 endlich als Cabrio gebaut wurde, verschwand der Käfer 1303 aus dem Programm. Er ist aber noch heute ein begehrtes Sammlerstück für Oldtimerfans. Die Rostanfälligkeit sorgt leider dafür, dass gut erhaltene Exemplare immer seltener werden.

▶ Wussten Sie schon?
Exemplare des 1303 Cabrio von 1973 und 1974 sind heute oft noch besser erhalten als spätere Baujahre.

Käfer 1303 S Cabrio mit 50 PS. B.: Friedrich Boehringer

TECHNISCHE DATEN

Bauzeit	1972–1980
Motor	Boxermotor
Stückzahl	155000 (mit 1302 Cabrio)
Leistung	50 PS
Hubraum	1584 ccm
Zylinder	4
Höchstgeschwindigkeit	132 km/h
Gewicht	900 kg
Verbrauch	9 l/100 km

Käfer-Cabrio mit Porsche-Felgen: Irgendwie ist dieses Exemplar ein Sinnbild unserer Zeit. Bild: M. Dörflinger

213

Renault 5

Das kleine Raumwunder zeigt hier, wieviel Platz zur Verfügung stand. Bild: Renault

In der Werbung zielte Renault ganz klar auf eine bestimmte Zielgruppe: Frauen. Die Zeiten, in denen nur der Mann einen Führerschein hatte, gingen zuende. Immerhin 5,5 Millionen Mal ging diese Rechnung auf – einige Männer werden ihn aber sicher auch gekauft haben. Bei diesen Zahlen ist die zweite Generation mitgezählt, die als „Supercinq“, also „Superfünf“ bezeichnet und zwischen 1984 und 1996 produziert wurde. Seit 1977 wird ein Lizenz-R 5 (bis heute) im Iran gebaut. Technisch hatte dieses Modell nichts Aufsehen erregendes zu bieten. Als vielseitiger, sehr kompakter und zudem billiger Stadtwagen kam er jedoch einem allgemeinen Bedarf entgegen.

Wussten Sie schon?

In Spanien baute Renault eine Version mit Stufenheck, die als Renault 7 recht erfolgreich verkauft wurde.

TECHNISCHE DATEN

Bauzeit	1972–1984
Motor	Reihenmotor
Stückzahl	5580000 (inkl. Supercinq)
Leistung	63 PS
Hubraum	1397 ccm
Zylinder	4
Höchstgeschwindigkeit	140 km/h
Gewicht	970 kg
Verbrauch	6 l/100 km

VW Passat B1 (Typ 32)

214

Ein Jahr, bevor der Golf den Käfer ablöste, wurde der VW Passat vorgestellt, mit dem die Wolfsburger von den Erfolgen des Audi 80 profitieren wollten und den VW 1600 in den Ruhestand schickten. Das Einstiegsmodell hatte 55 PS, es gab aber auch stärkere Modelle mit 75 oder 85 PS. Später wurden auch Diesel und ein Direkteinspritzer gebaut. Zunächst gab es den Passat mit Fließheck, später kam der sehr beliebte Kombi dazu. In Brasilien lief die erste Generation des Passat sogar noch bis 1988 vom Band.

Der Passat wurde aus dem Audi 80 abgeleitet. Bild: Volkswagen AG

TECHNISCHE DATEN

Bauzeit	1973–1980
Motor	Reihenmotor
Stückzahl	ca. 2600000
Leistung	55 PS
Hubraum	1287 ccm
Zylinder	4
Höchstgeschwindigkeit	145 km/h
Gewicht	880 kg
Verbrauch	8,6 l/100 km

Matra Simca Bagheera

215

Das französische Rüstungsunternehmen Matra hatte 1962 den Sportwagenhersteller Bonnet aufgekauft. Bereits 1970 gab man diesen Bereich aber an Chrysler ab, der Name blieb. Matra und Simca entwickelten gemeinsam den Bagheera. Ähnlich wie bei Karmann Ghia und Käfer entstand dieser auf der Basis des Simca 1100. Der Wagen bot drei Leuten Platz, die nebeneinander saßen. Nach der Übernahme des europäischen Chrysler durch Peugeot wurde der Wagen unter dem Namen Talbot Bagheera verkauft.

Das Urlaubsgefühl der 1970er-Jahre vermittelt dieser Bagheera mit gelber Kunststoffkarosserie. Bild: Peugeot Deutschland GmbH

TECHNISCHE DATEN

Bauzeit	1973–1980
Motor	Reihenmotor
Stückzahl	47802
Leistung	90 PS
Hubraum	1442 ccm
Zylinder	4
Höchstgeschwindigkeit	185 km/h
Gewicht	1015 kg
Verbrauch	8,3 l/100 km

216 Lamborghini Countach LP 400

Eines der wenigen Countach-Exemplare. Es stammt aus dem Jahr 1974. Bild: Audi AG

In der Zeit der großen Science-Fiction-Filme wirkte dieser futuristisch anmutende, kantige Wagen topmodern. Das Design stammt von Bertone. Der Lamborghini Countach LP400 wurde zwischen 1974 und 1978 gebaut.

Wussten Sie schon?
Der Countach erhielt aufgrund eines kleinen periskopischen Spiegels am Dach den Beinamen „Periskopio".

Als Fortbewegungshilfe diente ein V12-Aggregat mit vier Litern Hubraum, das für eine Leistung von 375 PS sorgte. Countach war nicht etwa ein spanischer Stier, sondern ist ein piemontesisches Dialektwort, das wahrscheinlich so etwas bedeutet wie „Wow". Das ist wahrlich die passende Bezeichnung für einen Flitzer dieser Art.

Heckansicht des Countach. Bild: Lamborghini

TECHNISCHE DATEN

Bauzeit	1974-1978
Motor	V12-Motor
Stückzahl	über 150
Leistung	375 PS
Hubraum	3929 ccm
Zylinder	12
Höchstgeschwindigkeit	309 km/h
Gewicht	1065 kg
Verbrauch	k.A.

Triumph Spitfire 1500

Ein Kultauto der 1960er- und 1970er-Jahre war der Spitfire von Triumph. Er strahlte Lebenslust pur aus. Der Roadster wurde von den Briten in verschiedenen Versionen gebaut. Die einzelnen Modelle wurden mit den Bezeichnungen Mk I bis IV herausgebracht. Das letzte jedoch trug die Bezeichnung 1500. Dieses Modell war das größte, stärkste und schnellste dieser Familie. Technische Mängel konnten nicht verhindern, dass der Spitfire 1500 dank seines besonders gelungenen Designs gerne gekauft wurde. Das stammte von keinem geringeren als dem italienischen Sportwagendesigner Giovanni Michelotti. Das spritzige 1,5-Liter-Aggregat lag unter der mächtigen Motorhaube und trieb die Hinterräder an.

TECHNISCHE DATEN

Bauzeit	1974–1980
Motor	Reihenmotor
Stückzahl	95829
Leistung	72 PS
Hubraum	1493 ccm
Zylinder	4
Höchstgeschwindigkeit	161 km/h
Gewicht	815 kg
Verbrauch	8 l/100 km

Sogar das unschöne Braun kann diesen Roadster nicht entstellen. Bild: Michael Dörflinger

218 Bristol 412 Zagato

Dieses Fahrzeug ist ein Bristol 412 der zweiten Generation. Bild: Lansdownplace

Das bekannte italienische Autodesignerstudio Zagato wurde von Anthony Crook, dem Chef von Bristol Cars, mit der Entwicklung eines Cabriolets beauftragt, das 1974 vorgestellt wurde und den Namen Bristol 412 bekam. Seine aggressiven, kantigen Formen unterschieden den 412 deutlich von den früher gebauten Bristol-Modellen. Der 6,6-Liter-V8 wurde von Chrysler bezogen. Die Kraftübertragung geschah mittels Dreigang-Automatikgetriebe. 1977 erschien die überarbeitete Version Bristol 412 Convertible Saloon S2, also Series 2. Sie hatte einen etwas kleineren, 5,9 Liter großen Achtzylindermotor, der wieder von Chrysler bezogen wurde. Wer wollte, konnte den Motor auf Erdgasbetrieb umrüsten lassen. Wichtigster Unterschied war die bessere Dichtigkeit von Fenstern und Verdeck. 1980 wurde das Modell aus dem Programm genommen. Ihm folgte eine dritte und letzte Version, die den Beinamen Beaufighter trug. Dieses Modell war bis 1993 bei Bristol zu haben.

Wussten Sie schon?

Zagato war nicht nur in Italien viel beschäftigt, sondern arbeitete auch für alle großen britischen Sportwagenschmieden.

TECHNISCHE DATEN

Bauzeit	1974–1980
Motor	Chrysler V8-Motor
Stückzahl	ca. 60
Leistung	172 PS
Hubraum	5898 ccm (Series 2)
Zylinder	8
Höchstgeschwindigkeit	225 km/h
Gewicht	1746 kg
Verbrauch	k.A.

VW Scirocco I

Eigentlich ist der Scirocco kein VW, sondern ein Karmann, denn die Osnabrücker haben sowohl die Entwicklung finanziert, als auch die Fahrzeuge gebaut. Dennoch: Die Plattform stammt vom Golf I, allerdings war der Scirocco ein Vierteljahr früher auf dem Markt. Zunächst gab es ihn mit 50, 70 und 85 PS. Später kamen weitere Varianten hinzu, darunter auch ein GTI mit 110 PS. Außerdem konnte zwischen vier Ausstattungsvarianten gewählt werden. Wie der Golf war auch der Scirocco ein wassergekühlter Frontantriebler. Er konnte allerdings nur als Dreitürer gekauft werden. Bei Spezialfirmen entstanden in geringer Stückzahl Cabrios und Kombis. 1981 wurde dieses Modell durch den Scirocco II abgelöst, der ebenfalls auf dem Golf I aufbaute.

Ein Auto wie ein Wind: Scirocco. Bild: Volkswagen AG

TECHNISCHE DATEN

Bauzeit	1974–1981
Motor	Reihenmotor
Stückzahl	504153
Leistung	110 PS
Hubraum	1588 ccm
Zylinder	4
Höchstgeschwindigkeit	186 km/h
Gewicht	855 kg
Verbrauch	10 l/100 km

Dieses Fahrzeug ist der erste jemals gebaute Scirocco. Bild: Volkswagen AG

Der Simca 1307 wurde 1976 zum Auto des Jahres gewählt. Bild: Peugeot Deutschland GmbH

220 Simca 1307 / Chrysler 1307 Alpine

Als der Simca 1307 herauskam, gehörte das französische Unternehmen schon einige Zeit zu Chrysler. In England wurde das im französischen Poissy bei Paris gebaute Modell deshalb unter dem Namen Chrysler 1307 Alpine verkauft. In Spanien hieß er Chrysler 150. Der Wagen sollte im Segment der Mittelklassefahrzeuge Geld verdienen. Man konstruierte ihn deshalb konventionell als Frontantriebler mit Vierzylindermotor und komfortablem Innenraum. 1976 wurde er zum Auto des Jahres gewählt. Zu seinen Vorteilen gehörte, dass er geräumig war, eine ansprechende Innenausstattung und serienmäßig Scheibenbremsen besaß.

▶ Wussten Sie schon?

In Frankreich wurden viele Behörden mit dem Simca 1307 ausgestattet, da der Staat das Unternehmen stützen wollte.

TECHNISCHE DATEN

Bauzeit	1975–1979
Motor	Reihenmotor
Stückzahl	778240 (1307 und 1308 alle Versionen)
Leistung	70 PS
Hubraum	1294 ccm
Zylinder	4
Höchstgeschwindigkeit	152 km/h
Gewicht	1050 kg
Verbrauch	k.A.

Simca 1308 / Chrysler 1308 Alpine

221

Wie der kleinere Simca 1307 fiel auch die Bauzeit des Simca 1308 mit dem größeren 1,4-Liter-Motor in die Ära der Übernahme von Chrysler-Simca durch Peugeot. Angesichts der guten Verkaufszahlen ließ Peugeot die Produktion weiterlaufen. Das Nachfolgemodell bekam schon den Markennamen Talbot. 1986 wurden die Produktionsanlagen der Modelle 1307/1308 in die Sowjetunion verkauft, wo Moskowitsch noch bis 2001 eine fast identische Ausgabe dieses Typs zusammensetzte. Die Bauart war immer eine fünftürige Limousine mit Fließheck.

▶ Wussten Sie schon?
Der 1308 und der kleinere Bruder 1307 hatten das Chrysler-Logo auf der Motorhaube und das Simca-Logo am Heck.

Der Simca 1308 ist auch in der Kurve stabil.

TECHNISCHE DATEN

Bauzeit	1975–1979
Motor	Reihenmotor
Stückzahl	778240 (1307 und 1308 alle Versionen)
Leistung	85 PS
Hubraum	1442 ccm
Zylinder	4
Höchstgeschwindigkeit	170 km/h
Gewicht	1070 kg
Verbrauch	k.A.

Der Simca 1308 war der um 15 PS stärkere große Bruder des Simca 1307. Bilder: Peugeot Deutschland GmbH

222

Excalibur Series III

Der langjährige Studebaker-Designer Brooks Stevens machte sich 1963 selbständig und entwarf seine eigenen Autos. Er war ein großer Bewunderer des Mercedes SSK, ja er besaß selbst einen SS, die längere Version dieses Typs, Baujahr 1928. So war es für ihn klar, dass nur das Design des SSK für sein Modell infrage kommen konnte. Die Technik allerdings, war nicht auf dem Stand um 1930, sondern topaktuell. Nach der ersten Serie legte Brooks in den Siebzigern zwei weitere Serien auf, die nun aber seinen SS zum Vorbild hatten. Eine vierte Serie folgte bis zum Ende der Firma 1997. Der Wagen der Serie III war als Roadster und als Phaeton erhältlich. Als Phaeton wird die viersitzige Ausführung bezeichnet.

▶ **Wussten Sie schon?**

Die Excalibur-Wagen besaßen auf den Kotflügeln Blinker und am Heck Rückleuchten („Elefantenfüße") des VW Käfer 1303.

Autofahrerzeitreise: Excalibur. Bilder: M. Dörflinger

TECHNISCHE DATEN

Bauzeit	1975–1980
Motor	Chevrolet Reihenmotor
Stückzahl	1141
Leistung	215 PS
Hubraum	7443 ccm
Zylinder	8
Höchstgeschwindigkeit	180 km/h
Gewicht	2115 kg
Verbrauch	31,2 l/100 km

Mit den Wagen von Excalibur entwickelte sich ein Geschäftszweig: der Bau von Repliken bekannter Autos.

Opel Manta B

Jung, männlich und mit Geld in der Tasche, so sah man die Zielgruppe des Manta. Bild: Adam Opel GmbH

Über eine Million Exemplare des Manta wurden von 1970 bis 1988 hergestellt. Er sollte die Antwort von Opel auf den Ford Capri sein. Vor allem ein junger männlicher Kundenkreis wurde als Zielgruppe anvisiert, was durch das schnittige und sportliche Design unterstrichen wurde. Eine manchmal verunglückte Werbung trug mit zu dem zweifelhaften Ruf, den das Modell später erhielt, bei. Die zweite Generation des Manta wurde 1975 eingeführt. Wie schon der Vorgänger, so stellte auch der Manta B die Coupé-Version des Opel Ascona dar. Als Antrieb konnten Motoren mit einem Hubraum von 1,2 bis 2,4 Litern eingesetzt werden. Die Leistung lag im Bereich zwischen 60 und 144 PS.

▶ Wussten Sie schon?

Für die einen war der Manta ein Kultauto, für die anderen bot er Stoff für jede Menge Witze über seine Fahrer.

Der Manta, das Kultauto. Bild: Adam Opel GmbH

TECHNISCHE DATEN

Bauzeit	1975–1988
Motor	Reihenmotor
Stückzahl	534634
Leistung	110 PS
Hubraum	1979 ccm
Zylinder	4
Höchstgeschwindigkeit	187 km/h
Gewicht	1060 kg
Verbrauch	k.A.

224

Lotus Esprit S1

Giorgetto Giugiari, die italienische Designerlegende, gab die ersten Formvorgaben für diesen fahrenden Keil, den Lotus Esprit S1. Der Wagen kam 1976 auf den Markt und entwickelte sich zum langlebigsten Modell von Lotus. Der Sportwagen hatte einen Mittelmotor mit 1.973 Kubikzentimetern, der 160 PS leistete und bis zu 221 Stundenkilometer schnell fuhr. Dieser Motor Lotus 907 war aus Leichtmetall und hatte zwei oben liegende Nockenwellen. Das synchronisierte Fünfgang-Schaltgetriebe stammte von Citroën. Mit 900 Kilo war er nicht schwer. 1979 wurde der S1 durch den Esprit S2 abgelöst. Es folgten mehrere andere Generationen. 1997 kam ein Modell mit V8-Motor heraus. Die letzte Version dieses Typs wurde bis 2003 gebaut.

Wussten Sie schon?
Ein Lotus Esprit spielte in dem James-Bond-Film „Der Spion, der mich liebte" in einer langen Action-Szene eine Rolle.

TECHNISCHE DATEN

Bauzeit	1976-1979
Motor	Reihenmotor
Stückzahl	894
Leistung	162 PS
Hubraum	1973 ccm
Zylinder	4
Höchstgeschwindigkeit	221 km/h
Gewicht	900 kg
Verbrauch	9 l/100 km

Extreme Keilform: der Lotus Esprit. Bild: Lotus

Der Jaguar XJ-S wurde von den Jaguar-Fans anfangs zögerlich angenommen, aber gilt heute als Klassiker. Bild: Jaguar Cars Limited

225

Jaguar XJ-S I

Der Jaguar XJ-S (auch XJS geschrieben) wurde als ein „Grand Tourer“ oder „Gran Turismo“ bezeichnet, was bedeutet, dass es sich um einen Sportwagen mit stärkerem Motor handelte. Der breiten Öffentlichkeit wurde das Modell zum ersten Mal 1975 auf der Internationalen Automobil-Ausstellung in Frankfurt vorgestellt. Als Antrieb diente ein V12-Motor mit 5,3 Litern Hubraum, der eine Maximalleistung von 287 PS erreichte. Die erste Generation des XJ-S wurde bis 1981 hergestellt und dann durch den XJ-S HE („High Efficiency“) ersetzt. So erlebte er auch nicht mehr den Verkauf von Jaguar an GM.

Wussten Sie schon?

Exemplare des XJ-S hatten Auftritte in mehreren Fernsehserien, was dem Jaguar-Modell zu Bekanntheit verhalf.

TECHNISCHE DATEN

Bauzeit	1976–1981
Motor	V12-Motor
Stückzahl	k.A.
Leistung	287 PS
Hubraum	5343 ccm
Zylinder	12
Höchstgeschwindigkeit	245 km/h
Gewicht	1780 kg
Verbrauch	k.A.

Front des Jaguar XJ-S I. Bild: Jaguar Cars Limited

226

Ford Fiesta I

Der Ford Fiesta wurde 1975 der Öffentlichkeit vorgestellt und stand im folgenden Jahr zum Verkauf bereit. Mit diesem Kleinwagen wollte Ford der seit der Ölkrise gestiegenen Nachfrage nach leichten, benzinsparenden Fahrzeugen begegnen. Produziert wurde der Fiesta in Köln, in Saarlouis, im englischen Dagenham sowie im spanischen Almussafes. Neben der dreitürigen Version produzierte Ford das Modell auch als Kleinlieferwagen. Die Motorleistung lag im Bereich von 41 bis 84 PS. Eine Überarbeitung des Modells erfolgte 1982. Es erhielt nun größere Stoßstangen mit Kunststoffecken. Die zweite Generation des Fiesta begann ab 1983 von den Bändern zu laufen.

▶ **Wussten Sie schon?**
Der Fiesta entwickelte sich schnell zu einem der beliebtesten in mehreren Ländern produzierten Kleinwagen.

TECHNISCHE DATEN

Bauzeit	1976–1983
Motor	Reihenmotor
Stückzahl	k.A.
Leistung	41 PS
Hubraum	957 ccm
Zylinder	4
Höchstgeschwindigkeit	137 km/h
Gewicht	715 kg
Verbrauch	k.A.

Der Fiesta war ein beliebter Kleinwagen. Bild: Ford

Für den amerikanischen Markt wurde der Fiesta in Köln hergestellt. Bild: Ford Motor Company

227

VW Golf I GTI

Allen war klar, dass der Käfer irgendwann einmal abgelöst werden würde. VW machte sich intensiv Gedanken und ging mit dem Nachfolger ganz neue Wege, die man sich bei der erfolgreichen Tochter Audi abgeschaut hatte. Der luftgekühlte Boxer-Heckmotor

TECHNISCHE DATEN

Bauzeit	1976–1983
Motor	Reihenmotor
Stückzahl	ca. 6200000 (alle Golf II)
Leistung	112 PS
Hubraum	1781 ccm
Zylinder	4
Höchstgeschwindigkeit	187 km/h
Gewicht	930 kg
Verbrauch	10,5 l/100 km

Der Golf GTI war bei jüngeren Leuten sehr beliebt. Bild: Volkswagen AG

wurde aussortiert. Frontantrieb und wassergekühlter Frontmotor entsprachen auch international dem Zeitgeist. 1974 wurde die Standardversion des Golf vorgestellt, 1976 folgten ein Dieselmodell und der hier vorgestellte GTI. Sein Motor stammte vom Audi 80 GTE und leistete 112 PS.

228

Aston Martin V8 Vantage

Unter den neueren Modellen dieser Marke zählt der V8 Vantage zu den exklusivsten. Er war die leistungsgesteigerte Version des V8, der „nur" über 300 PS verfügte. Bei dem Preis dieses Wagens blieb die Zahl der gebauten Exemplare naturgemäß sehr gering. Das Schalt-

TECHNISCHE DATEN

Bauzeit	1977–1989
Motor	V8-Motor
Stückzahl	369
Leistung	432 PS
Hubraum	5340 ccm
Zylinder	8
Höchstgeschwindigkeit	270 km/h
Gewicht	1820 kg
Verbrauch	k.A.

Der V8 Vantage wurde als leistungsstärkere Luxusversion des V8 369 Mal gebaut. Bild: Aston Martin

getriebe war deutsche Wertarbeit und stammte von ZF. Der Plattformrahmen, auf dem das Fahrzeug ruhte, wurde aus Aluminium hergestellt. Der V8-Motor arbeitete mit Vergaser. Ein Cabrio auf Grundlage des V8 Vantage ist übrigens das Lieblingsauto von Prince Charles.

229

BMW M1

Zusammen mit Lamborghini sollte der M1 gebaut werden, doch letztlich ließ BMW den Wagen in Stuttgart bei Baur fertigen, wo BMW auch seine Cabrios montieren ließ. Der Sportwagen mit den breiten, kantigen Formen italienischer Kollegen der Siebziger wurde in der Straßenversion von einem Sechszylinder-Reihenmotor mit Vierventiltechnik angetrieben, der 277 PS erbrachte. Allerdings legten die Münchner auch Rennversionen mit bis zu 850 PS (Turbo) auf. Der M1 war vor dem Porsche 959 der schnellste deutsche Sportwagen, der in Serie gebaut wurde.

▶ **Wussten Sie schon?**

Für das Design des M1 war Giorgetto Giugiaro zuständig, der 1999 den Titel „Autodesigner des Jahrhunderts" bekam.

TECHNISCHE DATEN

Bauzeit	1978–1981
Motor	Reihenmotor
Stückzahl	450
Leistung	277 PS
Hubraum	3453 ccm
Zylinder	6
Höchstgeschwindigkeit	262 km/h
Gewicht	1020 kg
Verbrauch	k.A.

Bereit für das Rennen: der BMW M1. Bild: BMW AG

Man sieht sofort, dass der M1 aus einer angedachten Kooperation mit Lamborghini entstanden ist. Bild: BMW AG

Matra Rancho

230

Wenn man so will, war der Rancho das erste SUV, ein geländegängiges Spaßmobil. Allerdings wurde die Absicht, dem Rancho einen Allradantrieb zu gönnen, verworfen. Wie beim Bagheera wurde auch Simca wieder ins Boot geholt und deren Simca 1100 als Plattform benutzt. Die ersten Ranchos wurden als Matra-Simca verkauft. Nach der Übernahme durch Peugeot wurden sie zu Talbot-Matra. Das war im Jahr nach seiner Einführung. Der Motor stammte vom Simca 1308. Als Zubehör standen auch Geräte wie eine Seilwinde auf den Verkaufslisten.

Mit dem Rancho wollte man von der Abenteuerwelle der Siebziger profitieren. Bild: Peugeot

TECHNISCHE DATEN

Bauzeit	1978–1983
Motor	Reihenmotor
Stückzahl	56500
Leistung	80 PS
Hubraum	1442 ccm
Zylinder	4
Höchstgeschwindigkeit	140 km/h
Gewicht	1140 kg
Verbrauch	k.A.

Mazda RX-7 I

231

Eine der technischen Besonderheiten des RX-7 von Mazda lag unterhalb der Motorhaube. Es war der Wankelmotor, den Mazda für die Sportwagen übernommen hatte und weiterentwickelte. Die Ingenieure von Mazda hatten mit dem Einsatz des Kreiskolbenmotors bereits Erfahrung, da er unter anderem beim Vorgängermodell, dem RX-3, als Antrieb gedient hatte. Der überraschende Erfolg des RX-7 sicherte dem Wankelmotor, der schon auf dem Abstellgleis schien, eine neue Zukunft im Fahrzeugbau. Der RX-7 wurde 2002 vom RX-8 abgelöst.

Der Wankelmotor des RX-7 stellt im Rennen seine Zuverlässigkeit unter Beweis. Bild: Mazda Motor Europe

TECHNISCHE DATEN

Bauzeit	1978–2002
Motor	Zweischeiben-Kreiskolbenmotor
Stückzahl	811634
Leistung	130 PS
Kammervolumen	1148 ccm
Brennkammern	2
Höchstgeschwindigkeit	200 km/h
Gewicht	1095 kg
Verbrauch	k.A.

232 VW Jetta I

Viel Stauraum bot der Jetta, konnte aber optisch nicht jeden überzeugen. Bild: Volkswagen AG

Der Jetta war ein Golf mit Stufenheck und größerem Kofferraum. In Deutschland wurde die erste Generation ab 1979 gebaut und ging parallel zum Golf 1983 in den Jetta II über. Die Motorvarianten entsprachen weitgehend denen des Golf. Das besondere Plus des Jetta war sein besonders großer Kofferraum. In den USA wusste man das mehr zu schätzen als in Europa. Dort lag sein wichtigstes Absatzgebiet. Das offenbare Imageproblem des Jetta suchte VW ab der dritten Generation mit dem neuen Namen Vento zu lösen.

▶ Wussten Sie schon?

Vom Jetta wurden mehrere Cabrio-Versionen gebaut, unter anderem von Karmann, die jedoch Einzelstücke blieben.

Heckansicht des Jetta. Bild: Volkswagen AG

TECHNISCHE DATEN

Bauzeit	1979–1983
Motor	Reihenmotor
Stückzahl	616000
Leistung	110 PS
Hubraum	1588 ccm
Zylinder	4
Höchstgeschwindigkeit	182 km/h
Gewicht	890 kg
Verbrauch	10,5 l/100 km

Opel Kadett D

Ein Fahrzeug mit dem Namen Kadett wurde von Opel bereits von 1936 bis 1940 hergestellt. Ein neues Modell der unteren Mittelklasse mit der Bezeichnung Kadett begann 1962 von den Bändern in dem frisch errichteten Werk in Bochum zu laufen. Opel hatte sich als damalige Nummer zwei auf dem Markt zum Ziel gesetzt, dem erfolgreichen VW Käfer Marktanteile abzuringen. Der Kadett war dem Konkurrenzmodell von VW in mehrfacher Hinsicht überlegen. Dazu gehörten der Kraftstoffverbrauch, die besser funktionierende Heizung, mehr Komfort im Innenraum und der größere Kofferraum. Der Kadett wurde schnell weiterentwickelt. Die zweite Generation kam 1965 auf den Markt. Dessen Nachfolger, der Kadett C, wurde ab 1973 produziert. Während die dritte Generation noch einen Hinterradantrieb besaß, wurde der Kadett D ab 1979 mit einem Frontantrieb gebaut. Der Motor hatte je nach Ausführung einen Hubraum von 1,2, 1,3, 1,6 oder 1,8 Litern. Ein Ein-Liter-Motor wurde in kleiner Zahl für den Export verwendet.

▶ Wussten Sie schon?

Die GTE-Ausführung des Opel Kadett war mit einem 1,8 Liter großen Vierzylinder-Motor ausgestattet.

TECHNISCHE DATEN

Bauzeit	1979–1984
Motor	Reihenmotor
Stückzahl	k.A.
Leistung	60 PS
Hubraum	1196 ccm
Zylinder	4
Höchstgeschwindigkeit	147 km/h
Gewicht	805 kg
Verbrauch	k.A.

Den Kadett gab es neben den zwei- und dreitürigen Varianten mit vier und fünf Türen. Bild: Adam Opel GmbH

234 Mercedes-Benz 230 G – „Papamobil“

Beim Papst-Besuch in Deutschland 1980 wurde das Papamobil mit gläsernem Aufbau erstmals eingesetzt. Bild: Sammlung Dörflinger

Papst Johannes Paul II. hatte sich nach seinem Amtsantritt ein möglichst volksnahes Fahrzeug gewünscht. Der Hersteller sollte wie schon traditionell Mercedes-Benz sein. Allerdings war der 230 G eine Gemeinschaftsentwicklung mit dem damaligen österreichischen Doyen der Fahrzeugindustrie, Steyr-Daimler-Puch. Produziert wurde die Baureihe in Graz bei den Puch-Werken. Der 4,6 Meter lange Wagen war ein Geländefahrzeug, der Allradantrieb sorgte für beste Fahreigenschaften. Das konnte der „Reisepapst“ bei seinen Auslandsreisen oft gut brauchen. Dieses Papamobil hatte das Kennzeichen SCV 7 bekommen.

TECHNISCHE DATEN

Bauzeit	1980
Motor	M 115 V 23 Otto-Reihenmotor
Stückzahl	1
Leistung	102 PS
Hubraum	2307 ccm
Zylinder	4
Höchstgeschwindigkeit	128 km/h
Gewicht	k.A.
Verbrauch	12,8 l/100 km

Porsche 924 Carrera GTS

Dieses Modell basierte auf dem 1976 eingeführten Porsche 924, hatte jedoch im Gegensatz zum 125 PS starken Basismodell stolze 245 PS bei gleichem Hubraum, allerdings mit Turbolader. Die verwendeten Aggregate der 924-Familie waren erstmals bei Porsche wassergekühlte Frontmotoren mit Heckantrieb. Die wenigen gebauten Exemplare waren fast ausschließlich für Renneinsätze gebaut worden. Die Entwicklung des Porsche 924 war übrigens gemeinsam mit VW erfolgt, der Motor stammte vom Audi 100. Die ursprüngliche Absicht war es, einen Nachfolger für den VW-Porsche 914 zu bauen.

Der Porsche 924 Carrera GTS in weißer Lackierung.

TECHNISCHE DATEN

Bauzeit	1980–1981
Motor	Reihenmotor
Stückzahl	59
Leistung	245 PS
Hubraum	1984 ccm
Zylinder	4
Höchstgeschwindigkeit	250 km/h
Gewicht	1180 kg
Verbrauch	16 l/100 km

Nur zwei Jahre wurde der 924 Carrera GTS gebaut, er besitzt wie alle 924 das Transaxlesystem (Motor vorn, Getriebe hinten und Heckantrieb). Bilder: Dr. Ing. h.c. F. Porsche AG

236

De Lorean DMC-12

Der DMC-12 mit seiner rostfreien Karosserie ist heute ein gefragtes Modell. Bild: David Saunders

Der DMC-12 war das einzige Modell, das die De Lorean Motor Company jemals baute. Das Unternehmen wurde 1975 von John De Lorean gegründet, begann 1981 in Nordirland mit der Serienproduktion, musste aber im folgenden Jahr nach etwa 8.600 hergestellten Exemplaren bereits Konkurs anmelden. Zu den Besonderheiten des DMC-12 gehörte die Karosserie aus rostfreiem Stahl. Zwei Flügeltüren ermöglichten den Einstieg in das Fahrzeug. In dem Film „Zurück in die Zukunft" spielt der Wagen eine Hauptrolle.

TECHNISCHE DATEN

Bauzeit	1981–1982
Motor	V6-Motor
Stückzahl	ca. 8600
Leistung	132 PS
Hubraum	2849 ccm
Zylinder	6
Höchstgeschwindigkeit	209 km/h
Gewicht	1065 kg
Verbrauch	12,8 l/100 km

237

Lotus Esprit S3

In vielen Filmen hatte der Lotus Esprit S3 einen Auftritt, so in „Basic Instinct". Bild: Detectandpreserve

In einem kleinen Ort im Osten Englands hat Lotus Cars seinen Sitz. Der Esprit ist das Modell des Automobilherstellers, das sich am längsten im Programm hielt. Allerdings erschienen im Laufe der Zeit immer wieder neue Versionen des Sportwagens. Der erste Lotus Esprit wurde der Öffentlichkeit bereits 1972 vorgestellt. Aber es dauerte noch vier Jahre, bis er in Produktion ging. 1978 begann die zweite Generation aus der Werkshalle zu rollen, und über zwei Jahre später erschien die dritte Serie, der Esprit S3.

TECHNISCHE DATEN

Bauzeit	1981–1987
Motor	Reihenmotor
Stückzahl	k.A.
Leistung	162 PS
Hubraum	2174 ccm
Zylinder	4
Höchstgeschwindigkeit	222 km/h
Gewicht	1020 kg
Verbrauch	k.A.

Die erste Generation des Piazza besaß einen Hinterradantrieb, bei der zweiten Generation waren es die Vorderräder, die den Wagen vom Fleck brachten. Bilder: Isuzu

Isuzu Piazza

238

Die japanische Firma Isuzu, die nach einem Fluss in Japan benannt ist, entstand 1916 durch die Kooperation mehrerer Unternehmen. Der Fahrzeugbau begann bei Isuzu mit der Produktion für die britische Automarke Wolseley. Ein Personenwagen wurde erstmals in den 1960er-Jahren entwickelt. 1971 beteiligte sich General Motors an dem Unternehmen. Der Isuzu Piazza wurde von 1981 bis 1991 hergestellt. In den Vereinigten Staaten wurde das Modell als Isuzu Impulse und in Australien als Holden Piazza verkauft.

▶ Wussten Sie schon?

In Deutschland wurde der Piazza nicht angeboten. Aber in Großbritannien konnte Isuzu mit dem Modell Fuß fassen.

Der Isuza Piazza war in Deutschland nicht erhältlich.

TECHNISCHE DATEN

Bauzeit	1981–1991
Motor	Reihenmotor
Stückzahl	113419
Leistung	150 PS
Hubraum	1994 ccm
Zylinder	4
Höchstgeschwindigkeit	180 km/h
Gewicht	1284 kg
Verbrauch	k.A.

239 Porsche 944 (951)

Mit der Karosserie des 924 GT und einem eigenen, starken Porsche-Motor wurde zwischen 1981 und 1991 der Porsche 944 gebaut. Er wurde zu einem der beliebtesten Sportwagen seiner Zeit. Der Motor hatte die Technik des Achtzylinders aus dem Porsche 928, war aber als Vierzylinder ausgebildet. Die Transaxle-Technik entsprach dem 924. Der erste Motor hatte einen Hubraum von 2.479 Kubik, 1988 wurde einer mit 2.681 Kubikzentimetern eingeführt. Das Modell 944 S2 hatte 2.990 ccm. Die Turbomodelle hatten den 2,5-Liter-Motor.

▶ Wussten Sie schon?

Von Stand aus schaffte es der Porsche 944 Turbo, in 6,3 Sekunden auf 100 km/h zu beschleunigen.

Die ansprechende Heckpartie des Porsche 944.

TECHNISCHE DATEN

Bauzeit	1981–1991
Motor	Reihenmotor
Stückzahl	23700
Leistung	220 PS
Hubraum	2479 ccm
Zylinder	4
Höchstgeschwindigkeit	220 km/h
Gewicht	1180 kg
Verbrauch	k.A.

Dies ist der 944 des Modelljahrs 1982, gebaut ab dem Herbst 1981, denn das Autojahr beginnt immer nach den großen Ferien. Bilder: Dr. Ing. h.c. F. Porsche AG

Talbot Samba Cabrio

Als Peugeot nach der Übernahme von Chrysler-Simca die Marke Talbot wiederbelebte, wollte man auch ein neues Einsteigermodell bauen. Ab 1982 wurde der als Samba bezeichnete Straßenhüpfer ausgeliefert. Im gleichen Jahr wurde auch eine Cabrioversion vorgestellt. Designer und Erbauer dieses Fahrzeugs war Pininfarina in Personalunion. Zum großen Teil war der Samba eine veränderte Kopie des Peugeot 104, allerdings mit etwas längerem Radstand. Während Talbot das Cabrio bereits 1984 einstellte, wurde der geschlossene Wagen noch bis 1986 gefertigt.

▶ Wussten Sie schon?

Der Talbot Samba Cabrio hatte Anfang der 1980er-Jahre den Ruf, das kleinste Cabrio der Welt zu sein.

Klein aber fein: der Samba Cabrio.

TECHNISCHE DATEN

Bauzeit	1982–1984
Motor	Reihenmotor
Stückzahl	k.A.
Leistung	79 PS
Hubraum	1360 ccm
Zylinder	4
Höchstgeschwindigkeit	170 km/h
Gewicht	740 kg
Verbrauch	9,3 l/100 km

Der Samba hatte sehr viel Ähnlichkeit mit dem Peugeot 104. Bilder: Peugeot Deutschland GmbH

Der „Baby-Benz" war das Einsteigermodell in die Sternmarke und deshalb sehr beliebt. Bilder: Daimler AG

241 Mercedes-Benz 190 E (W 201)

Erstmals baute Mercedes mit dem 190er einen Wagen der Mittelklasse und tat gut daran, denn die Baureihe W 201 in ihren verschiedenen Ausführungen verkaufte sich glänzend. Die Fahrzeuge wurden parallel in Bremen und Sindelfingen gebaut, um die hohen Wartezeiten etwas auffangen zu können. Zwei Drittel der ausgelieferten Exemplare hatten einen Benzinmotor. Eine besondere technische Neuerung dieser Modelle war die Raumlenker-Hinterachse, die sich auch bei den meisten anderen großen Herstellern durchgesetzt hatte. 1993 wurde der „Baby-Benz" durch die C-Klasse abgelöst.

▶ Wussten Sie schon?

Der Mercedes-Benz 190 war eine sehr gute Geldanlage, denn das Modell zählt zu den langlebigsten Automobilen.

Ein innovatives Auto: der Mercedes-Benz 190 E.

TECHNISCHE DATEN

Bauzeit	1982–1988
Motor	M 102 E 20 Reihenmotor
Stückzahl	638180
Leistung	122 PS
Hubraum	1997 ccm
Zylinder	4
Höchstgeschwindigkeit	195 km/h
Gewicht	1100 kg
Verbrauch	8,3 l/100 km

VW Golf II GTI

Ab 1990 gab es den stärksten Golf: GTI G60 mit 160 PS. Bild: Volkswagen

Besonders die Landjugend begeisterte sich für ihren GTI, tunte, was das Zeug hielt und nicht selten las man von privaten „Rennen“ auf der Landstraße. Der GTI des ersten Golf wurde auch bei der zweiten Generation ein Spaßmobil, das auf der Autobahn gerne mal einen BMW von der linken Spur scheuchte. Dazu trugen starke Vierzylindermotoren bei, die im Laufe der Bauzeit von 112 über 139 auf 160 PS stiegen. Das Sondermodell Golf Limited bekam sogar einen 210-PS-Motor, wurde aber nicht als GTI bezeichnet. Es gab Varianten mit Zwei- oder Vierventiltechnik. Die Einspritzanlage war die K-Jetronic von Bosch. Wer wollte, konnte ab 1987 ABS, ab 1990 eine Servolenkung und andere Extras haben. Ab 1987 gab es den GTI nur noch in Großbritannien ohne Katalysator. Die Höchstgeschwindigkeit mit Kat ging auf 199 km/h zurück. 1991 wurde in Deutschland der GTI des Golf II eingestellt und durch das Pendant des Golf III ersetzt. Für die Briten wurde das alte Modell noch ein Jahr weitergebaut.

▶ Wussten Sie schon?

Anders als sein Vorgänger zeichnete sich der Golf II durch einen hervorragenden Korrosionsschutz aus.

TECHNISCHE DATEN

Bauzeit	1984–1992
Motor	Reihenmotor
Stückzahl	ca. 700000
Leistung	139 PS
Hubraum	1871 ccm
Zylinder	4
Höchstgeschwindigkeit	208 km/h
Gewicht	1095 kg
Verbrauch	10,5 l/100 km

243 Audi Sport quattro S1 „Pike's Peak“

Das Bergrennen auf den Pike's Peak in den Rocky Mountains startet beinahe in Zugspitzhöhe und endet bei 4.301 Metern über dem Meer. Zu diesem Wettbewerb trat 1987 Walter Röhrl auf dem Audi Sport quattro S 1 an, der für diesen Einsatz noch einmal aufgemöbelt wurde, um in der dünnen Höhenluft eine ausgezeichnete Performance bieten zu können. Ein Umluftsystem setzte den großen Turbolader vom Typ KKK K28 permanent unter Druck: Wenn sich die Drosselklappe schloss, schoss die Ladeluft in den Auspuff; dort verbrannte sie mit dem Abgas nach und hielt so die Turbine auf Drehzahl. Das Sechsganggetriebe arbeitete nach dem Doppelkupplungsprinzip, eine Pionierleistung von Audi. Röhrl gewann und stellte einen Streckenrekord auf. Anfang bis Mitte der Achtziger waren Autos der Gruppe B im Rallyesport das Maß aller Dinge. Allradgetriebene PS-Giganten räumten einen Sieg nach dem anderen ab. Wegen einer Vielzahl auch tödlicher Unfälle wurde die Gruppe B aber 1986 aus dem Rallyesport wieder verbannt. Der Sport quattro S1 gilt als das stärkste jemals bei einer Rallye gefahrene Auto.

Wussten Sie schon?
Der „Pike's Peak“ als stärkste Waffe der Quattro-Generation ist untrennbar mit dem deutschen Ausnahmefahrer Walter Röhrl verbunden.

TECHNISCHE DATEN

Bauzeit	1985–1987
Motor	Reihenmotor
Stückzahl	3
Leistung	598 PS
Hubraum	2144 ccm
Zylinder	5
Höchstgeschwindigkeit	200 km/h
Gewicht	1000 kg
Verbrauch	50 l/100 km

Dieser Audi quattro gilt heute als das stärkste Rallye-Fahrzeug aller Zeiten. Nach seinem Sieg 1987 erhielt er den Ehrennamen „Pike's Peak“. Bild: Audi AG

244

Porsche 959

Für dieses Modell wurde in den USA sogar ein eigenes Gesetz erlassen, dass Microsoft-Gründer Bill Gates damit fahren durfte. Und der wusste genau, warum er einen 959 haben wollte. Bei seinem Erscheinen war der Porsche 959 das Auto schlechthin. Er ging aus der 911er-Serie hervor, hatte aber einige Extras zu bieten, die noch heute als Meilensteine gelten. Das beginnt bei dem elektronisch gesteuerten Allradantrieb, der Leichtbauweise mit Materialien aus dem Flugzeugbau und führt bis hin zum innovativen Biturbo-Motor. Eine elektronische Niveauregulierung sorgte für den perfekten Bodenabstand.

Der Porsche 959 zeigte, was 1987 technisch machbar war. Bild: Dr. Ing. h.c. F. Porsche AG

TECHNISCHE DATEN

Bauzeit	1987–1988
Motor	Biturbo-Boxermotor
Stückzahl	292
Leistung	450 PS
Hubraum	2850 ccm
Zylinder	6
Höchstgeschwindigkeit	315 km/h
Gewicht	1566 kg
Verbrauch	12,5 l/100 km

245

Lamborghini Diablo

Da Ferruccio Lamborghini mit seinem Ferrari unzufrieden war, stieg er selbst in den Automobilbau ein. Auf diese Weise wurde Lamborghini zum Namen einer exklusiven Sportwagenmarke. Zu den schnellen Flitzern aus Italien gehörte der Diablo, der von 1990 bis 2001 gefertigt wurde. Der Zwölfzylinder-Motor hatte einen 5,7 Liter großen Hubraum. Ab 1997 kam auch ein Motor mit sechs Litern Hubraum zu Einsatz. Die Höchstleistung konnte abhängig von der Ausführung bei 492 bis 655 PS liegen.

Teuflisch schnell konnte der Diablo fahren: bis zu 328 km/h. Bild: Lamborghini

TECHNISCHE DATEN

Bauzeit	1990–2001
Motor	V12-Motor
Stückzahl	2903
Leistung	492 PS
Hubraum	5703 ccm
Zylinder	12
Höchstgeschwindigkeit	328 km/h
Gewicht	1575 kg
Verbrauch	k.A.

246

Suzuki Cappuccino

Für die Konstrukteure war es wichtig, dass der Cappuccino noch in die günstige Steuerklasse fiel. Bild: Suzuki

Nur 725 Kilogramm wog der Cappuccino, mit dem Suzuki sein Angebot im Kleinwagenbereich 1991 erweiterte. Im europäischen Raum wurde der Cappuccino zum ersten Mal auf einer Automobilausstellung in Großbritannien vorgestellt, wo er auch gleich einen Design-Preis gewann. Der Verkauf auf dem europäischen Markt startete im folgenden Jahr. Mit seinem Hubraum von 657 Kubikzentimetern erbrachte der Dreizylinder-Motor mit Turbolader und Ladeluftkühlung eine Leistung von 64 PS. Die Länge des Fahrzeugs lag bei 3.295 und die Breite bei 1.395 Millimetern. Die geringen Ausmaße und der kleine Hubraum ermöglichten es dem Cappuccino, in der in Japan steuerlich begünstigten K-Klasse zu bleiben.

TECHNISCHE DATEN

Bauzeit	1991–1997
Motor	Reihenmotor
Stückzahl	k.A.
Leistung	64 PS
Hubraum	657 ccm
Zylinder	3
Höchstgeschwindigkeit	140 km/h
Gewicht	725 kg
Verbrauch	6,57 l/100 km

Mini 1.3 (1300)

Zu den Kultautos schlechthin zählt der Mini, ein kleiner Flitzer mit britischem Flair. Der Mini spielte in vielen Filmen eine Rolle und hatte auch im realen Leben viele Berühmtheiten am Steuer. Dazu gehörten die Beatles, Peter Sellers, Twiggy und sogar Enzo Ferrari. Selbst die Queen stieg ab und zu von ihrem Bentley auf einen Mini um. Der erste Mini wurde von der British Motor Corporation 1959 auf den Markt gebracht. Im Laufe der Zeit kam es zu zahlreichen Modellvarianten. Ab 1992 wurde der Mini 1.3, oder auch nach seiner Hubraumgröße Mini 1300 genannt, von der Rover Group hergestellt. Er gehörte zur Generation des Mini Mk VI und stellte das stärkste Modell dieser Serie dar. 53 PS leistete der Vierzylinder-Motor. Das Schaltgetriebe hatte vier Gänge. In den Produktionszeitraum des Mini 1.3 fiel die Übernahme Rovers und somit auch des Mini 1994 durch BMW. Damit begann für das traditionsreiche Auto eine neue Zeitrechnung. Vorerst allerdings wurde die Produktion unverändert beibehalten. Erst zwei Jahre später endete die Zeit des Mini 1.3.

▶ Wussten Sie schon?

Der Mini wurde nicht nur in Großbritannien produziert , sondern auch in anderen Ländern auf Lizenz gefertigt.

TECHNISCHE DATEN

Bauzeit	1992–1996
Motor	Reihenmotor
Stückzahl	k.A.
Leistung	53 PS
Hubraum	1275 ccm
Zylinder	4
Höchstgeschwindigkeit	152 km/h
Gewicht	700 kg
Verbrauch	6,4 l/100 km

Dieser Mini 1300 war mit einem elektrischen Faltdach ausgestattet. Bild: Sammlung Dörflinger

248 VW Golf III 1.9 TDI

Der Turbodiesel mit Direkteinspritzung war eine wegweisende Neuentwicklung. Bild: Volkswagen AG

VW zollte 1991 dem Trend zum rundlicheren Auto Tribut und überarbeitete die Optik des Golf für die dritte Generation sehr stark. 1993 wurde der Golf mit TDI-Motor ausgestattet, einem turbogeladenen Direkteinspritzer, der alle Vorurteile gegenüber dem Diesel im Pkw vergessen machte. Besonders der niedrigere Kraftstoffverbrauch sorgte für die Beliebtheit dieser Modellvariante. 1996 wurde der TDI mit einer verbesserten Motorgeometrie angeboten, die die Leistung des Fahrzeugs auf 110 PS anhob. Servolenkung und ABS gehörten zum Standard.

TECHNISCHE DATEN

Bauzeit	1993–1997
Motor	TDI Reihenmotor
Stückzahl	4805900 (alle Golf III)
Leistung	90 PS
Hubraum	1896 ccm
Zylinder	4
Höchstgeschwindigkeit	178 km/h
Gewicht	1380 kg
Verbrauch	6,1 l/100 km

249 Audi A 4 1.8 (B5)

Der A 4 wurde in dieser Form sechs Jahre lang verkauft. Bild: Michael Dörflinger

Ein wahrer Geniestreich gelang den Ingolstädtern 1994 mit dem A 4, der als Nachfolger des Audi 80 eingeführt wurde. Mit der neuen Produktpalette gelang der Weg zum werthaltigen Wagen der oberen Mittelklasse bis hin zur Oberklasse. Die Modelle mit dem 1,8-Liter-Motor hatten fünf Ventile, die für eine bessere Leistungsausbeute sorgten. Es gab auch Versionen mit Sechszylinder-V-Motor und Vier- und Sechszylinder-Diesel mit TDI-Motor. Die neue Vierlenker-Vorderachse war die Achillesferse dieses Typs. Der A 4 (B5) wurde als Kombi und als Limousine angeboten, optional mit Allradantrieb.

TECHNISCHE DATEN

Bauzeit	1994–2000
Motor	Reihenmotor
Stückzahl	1170269
Leistung	125 PS
Hubraum	1781 ccm
Zylinder	4
Höchstgeschwindigkeit	205 km/h
Gewicht	1348 kg
Verbrauch	8,5 l/100 km

Venturi 300 Atlantique

250

In Monaco sitzt die Firma Venturi, die Autos in Handarbeit fertigt. Eines der gebauten Modelle ist der Venturi 300 Atlantique, der zwischen 1996 und 2001 verkauft wurde. Er war ein Mittelmotor-Sportwagen mit einer Fiberglaskarosserie. Zunächst gab es eine Version mit 213 PS,

Der 300 Atlantique wurde weitgehend in Handarbeit gefertigt. Bild: Venturi

die mit einem Turbolader auf 285 PS gebracht wurde. 1998 kam eine Biturbo-Version auf 310 PS. Die Leistungsdaten von 275 Stundenkilometern Spitzengeschwindigkeit und eine Beschleunigung vom Stand auf 100 Sachen in fünf Sekunden reichten nicht aus, den Atlantique zum Bestseller zu machen.

TECHNISCHE DATEN

Bauzeit	1996–2001
Motor	Biturbo-V-Motor
Stückzahl	ca. 700
Leistung	310 PS
Hubraum	2987 ccm
Zylinder	6
Höchstgeschwindigkeit	275 km/h
Gewicht	1400 kg
Verbrauch	13,8 l/100 km

TVR Cerbera

251

TVR hat eines seiner schönsten Modelle 1996 mit dem Cerbera aufgelegt. Für diesen Wagen hatte TVR sogar einen eigenen Motor konstruiert. Bisher hatte man sich bei anderen Firmen bedient, vor allem Rover. Doch als Rover von BMW gekauft wurden, verzichtete

Firmenchef Peter Wheeler gab seinem neuen Wagen den poetischen Namen nach dem Ungeheuer, das den Eingang zur griechischen Hölle bewachte. Bild: Brian Snelson

man. Der Motor wurde in einer 4,2- und in einer 4,5-Liter-Version gebaut. Die größere brachte bei Drehzahlen um 7.000 U/min. den Wagen auf 314 Stundenkilometer. Der letzte Cerbera wurde im Internet versteigert.

TECHNISCHE DATEN

Bauzeit	1996–2003
Motor	V8-Motor
Stückzahl	k.A.
Leistung	426 PS
Hubraum	4475 ccm
Zylinder	8
Höchstgeschwindigkeit	314 km/h
Gewicht	1130 kg
Verbrauch	k.A.

Der auffallend gestylte Ka konnte nicht nur als Stadtauto Erfolge auf dem Markt verbuchen.
Bild: Ford Motor Company

252

Ford Ka I

Die erste Generation des Ford Ka erschien 1996 auf dem europäischen Markt. Der Kleinstwagen mit dem auffallenden runden Design kam aus dem Ford-Werk im spanischen Almussafes. 1997 wurde der Ka auch in Südamerika eingeführt, wo die Produktion in der brasilianischen Stadt São Bernardo do Campo erfolgte. In technischer Hinsicht war der Ka mit dem Ford Fiesta, mit dem er auch die Bodengruppe teilte, verwandt. Den Vierzylinder-Motor gab es in Versionen mit 50 und 60 PS. Für den südamerikanischen Markt wurde ein 53 PS starker Motor verwendet. Ab 2002 kamen stärkere Antriebsaggregate zum Einsatz. Sie leisteten 60, 69 und im Fall des SportKa 95 PS. 2009 wurde die erste Modell-Generation vom Ka II abgelöst.

▶ **Wussten Sie schon?**
Das Wort „Ka" kommt aus dem Ägyptischen und soll den lebenspendenden Teil der Seele bezeichnen.

TECHNISCHE DATEN

Bauzeit	1996–2008
Motor	Reihenmotor
Stückzahl	ca. 1500000
Leistung	60 PS
Hubraum	1297 ccm
Zylinder	4
Höchstgeschwindigkeit	155 km/h
Gewicht	946 kg
Verbrauch	5,9 l/100 km

BMW Z3 Roadster 2.8 (E 36/7)

253

In dem James-Bond-Film „Golden Eye“ konnte man den Z3 Roadster von BMW schon 1995 bewundern, aber erst ab 1997 war er für den Normalbürger erhältlich. Der Z3 hatte zugleich die Ehre, als erstes neues Modell in dem 1994 eröffneten BMW-Werk in Spartanburg, im amerikanischen Bundesstaat South Carolina, hergestellt zu werden. Die ersten Exemplare waren mit 1,8- und 1,9-Liter-Vierzylinder-Motoren ausgestattet. Die Ausführung mit einem Sechszylinder-Motor und 2,8-Litern Hubraum wurde jedoch noch im gleichen Jahr mit ins Programm aufgenommen. Vom Z3 wurden außerdem Coupé-Ausführungen hergestellt, die ebenfalls Sechszylindermotoren besaßen.

▶ Wussten Sie schon?
Der Z3 bekam in den USA mehrere Auszeichnungen. 1999 kam er in die Liste der „Zehn Besten“ einer Autozeitschrift.

TECHNISCHE DATEN

Bauzeit	1997–2000
Motor	Reihenmotor
Stückzahl	297000 (alle Z3)
Leistung	192 PS
Hubraum	2793 ccm
Zylinder	6
Höchstgeschwindigkeit	249 km/h
Gewicht	1450 kg
Verbrauch	9,4 l/100 km

Der Z3 hatte seine Premiere bei James Bond und war das erste allein in Amerika hergestellte BMW-Modell. Bild: BMW AG

254 Koenigsegg CC 8 S

Koenigsegg – dieser Name steht im Automobilbau für Superlative. Zwischen 2002 und 2005 wurde mit dem CC8S die zweite Version der Supersportwagenfamilie CC gebaut. Er holte den Titel des schnellsten Autos mit Straßenzulassung nach Schweden, 389 Stundenkilometer standen im Guinness-Buch. Von Null auf 100 kam er in nur 3,5 Sekunden. Seine Kraft zu solchen Höchstleistungen bezog er von einem 664 PS starken V8-Motor. Konstruiert war er mit einem Fahrwerk aus CFK mit einem Stahlrahmen vorn und einem Rahmen aus Aluminium hinten.

▶ **Wussten Sie schon?**

Der Koenigsegg CC8S stellte seinen Geschwindigkeitsrekord auf der Teststrecke Pista di Nardò in Italien auf.

Der Rekordhalter unterwegs. Bild: Koenigsegg

TECHNISCHE DATEN

Bauzeit	1998–2001
Motor	V8-Motor
Stückzahl	6
Leistung	655 PS
Hubraum	4600 ccm
Zylinder	8
Höchstgeschwindigkeit	389 km/h
Gewicht	1175 kg
Verbrauch	k.A.

Die Innenräume des Koenigsegg CC8S sind leicht zugänglich. Bild: ergonomiedesign

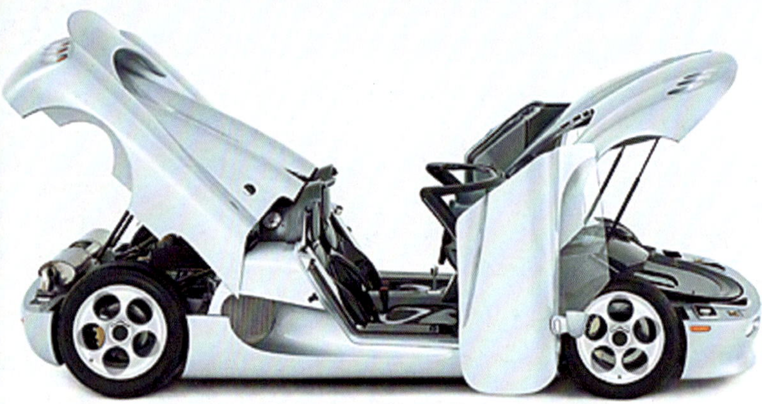

Der Lincoln Continental der neunten Generation zählte zur oberen Mittelklasse. Bis zu sechs Personen konnten in dem Wagen Platz finden. Bild: Ford Motor Company

Lincoln Continental IX 255

Lincoln ist die Nobelmarke der Ford Motor Company. Das Unternehmen Lincoln wurde 1917 gegründet, musste aber schon fünf Jahre später Konkurs anmelden, woraufhin es von Ford übernommen wurde. Der erste Continental kam bereits 1939 auf den Markt. Im Laufe der Zeit kam es zu insgesamt neun Modellgenerationen. Die letzte Generation des Oberen-Mittelklasse-Wagens wurde 1998 gestartet. Gegenüber den Vorgängerversionen hatte es leichte Änderungen beim Design und der Innenausstattung gegeben. Außerdem erbrachte der 4,6-Liter-V8-Motor eine etwas höhere Leistung. Zu kleineren Änderungen kam es in den folgenden Jahren.

TECHNISCHE DATEN

Bauzeit	1998–2002
Motor	V8-Motor
Stückzahl	k.A.
Leistung	220 PS
Hubraum	4601 ccm
Zylinder	8
Höchstgeschwindigkeit	k.A.
Gewicht	1750 kg
Verbrauch	11,2 l/100 km

256 Smart fortwo

In aller Welt feiern die auffälligen Mikrowagen Erfolge, auch in Brasilien. Bild: Daimler AG

Die Smart-Türme sind zwar inzwischen Vergangenheit, doch das Interesse der Kunden für die kleinen Flitzer ist ungebrochen. 1994 starteten der Hersteller der berühmten Swatch und Daimler-Benz ein gemeinsames Unternehmen, ein Ultrakleinauto zu entwickeln. Technisch profitierte das neue Gefährt von der Formel I, denn die Fahrgastzelle wurde aus den Erfahrungen mit den Monocoques entwickelt, die die Insassen bei einem Aufprall schützen. Dadurch war es möglich, auf große Knautschzonen zu verzichten. 1998 endlich konnte der in Hambach im Elsass gebaute Smart vorgestellt werden. Das erste Modell des Unternehmens war der als City-Car bezeichnete Zweisitzer, der im Volksmund einfach der Smart war.

TECHNISCHE DATEN

Bauzeit	1998–2007
Motor	Turbo-Reihenmotor Otto oder Diesel
Stückzahl	k.A.
Leistung	61 PS
Hubraum	598 ccm
Zylinder	3
Höchstgeschwindigkeit	135 km/h
Gewicht	805 kg
Verbrauch	5,5 l/100 km

257 Honda S2000

Für alle, die rasante Fahrleistungen lieben, ist der Honda S2000 das passende Auto. Bild: Rjohnstonstl

Honda ist eine Firma mit großen Rennerfolgen. Kein Wunder, dass auch ein toller Roadster das Programm schmücken sollte. 1999 stellten die Japaner den S2000 vor, der eine 240 PS starke Vierzylindermaschine besaß. Der Motor war als Frontmittelmotor eingebaut. Er erlaubte Geschwindigkeiten von bis zu 240 Stundenkilometern und beschleunigte in 6,2 Sekunden auf 100 km/h. 2009 wurde das Modell eingestellt.

TECHNISCHE DATEN

Bauzeit	1999-2009
Motor	Reihenmotor
Stückzahl	Über 110000
Leistung	240 PS
Hubraum	1997 ccm
Zylinder	4
Höchstgeschwindigkeit	240 km/h
Gewicht	1260 kg
Verbrauch	10 l/100 km

258

Audi A 2

Dieser kleine Flitzer war hochgepriesen, stand meist als Primus in der Mängelstatistik, sein Design wurde prämiert, aber dennoch kam er beim Kunden nicht so gut an. Als kleinster Audi sollte er das technische Niveau der Marke mit den vier Ringen auch in der Kleinwagenklasse demonstrieren. Er konnte als Benziner oder Diesel in verschiedenen Varianten gekauft werden. Die Ottomotoren hatten vier Zylinder, die Diesel drei. Der kleine TDI-Motor verbrauchte nur drei Liter. Die Karosserie bestand aus Aluminium.

Der A 2 war eine Antwort auf die A-Klasse von Mercedes. Bild: Audi AG

TECHNISCHE DATEN

Bauzeit	1999–2005
Motor	Reihenmotor Otto oder Diesel
Stückzahl	176377
Leistung	110 PS
Hubraum	1898 ccm
Zylinder	3/4
Höchstgeschwindigkeit	202 km/h
Gewicht	1070 kg
Verbrauch	3 l/100 km

259

Lotec Sirius

Für die einen ist Sirius der hellste Stern am Nachthimmel, für die anderen ist er ein automobiler Traum. Die Firma Lotec aus dem oberbayrischen Kolbermoor baut diesen Wagen, der nicht nur einer der schnellsten, sondern einer der stärksten überhaupt ist, seit 2000. Die Karosserie ist aus den leichtesten und modernsten Materialien gefertigt, die im Automobil- und Flugzeugbau vorkommen. Der Zwölfzylinder-Motor stammt von Mercedes. Beim Sirius leistet er dank zweier Spezial KKK-Turbolader K27 bis zu 1.200 PS. Der Sirius wird auf Anfrage in Handarbeit gefertigt. Eine genaue Höchstgeschwindigkeit ist nicht bekannt.

Der Sirius kommt aus Bayern und er fühlt sich dort so wohl wie auf einer Rennstrecke. Bild: Lotec GmbH

TECHNISCHE DATEN

Bauzeit	seit 2000
Motor	Mercedes-Benz V12-Motor mit KKK-Turboladern
Stückzahl	k.A.
Leistung	1200 PS
Hubraum	5987 ccm
Zylinder	12
Höchstgeschwindigkeit	ca. 400 km/h
Gewicht	1280 kg
Verbrauch	6,8 l/100 km

260 Spyker C8 Spyder SWB

Ein ganz besonderer Roadster stammt aus den Niederlanden: der Spyker C8. Bild: Spyker Cars N.V.

Im Jahr 2000, ein Jahr nach der Gründung von Spyker, stellte die niederländische Firma den Spyker C8 Spyder SWB vor. Das Kürzel steht für Wide Body, also breite Karosserie. Im Innenraum war somit mehr Platz. Das Modell hat einen 4,2-Liter-V8-Motor, der von Audi stammt. Mit 400 PS gehört der Spyder sicher nicht zu den schmalbrüstigen Roadstern. Spektakuläres Detail sind sie Schmetterlingsflügeltüren, die sich nach oben öffnen. Die vielen Pferdestärken machen sich beim Beschleunigen bemerkbar. In 4,5 Sekunden kommt er von Null auf 100.

▶ **Wussten Sie schon?**

Der Spyker C8 Spyder SWB wurde zuerst auf der Birmingham Motor Show 2000 der Öffentlichkeit vorgestellt.

Schön viel Platz im SWB. Bild: Rudolf Stricker

TECHNISCHE DATEN

Bauzeit	2000
Motor	V8-Motor
Stückzahl	k.A.
Leistung	400 PS
Hubraum	4136 ccm
Zylinder	8
Höchstgeschwindigkeit	300 km/h
Gewicht	1425 kg
Verbrauch	k.A.

Pontiac Bonneville IX

Der Pontiac Bonneville wurde von General Motors 1957 eingeführt. Es handelte sich anfangs um ein leistungsstarkes Cabriolet, das nur in kleiner Stückzahl auf den Markt kam. Mit den nachfolgenden Generationen wurden weitere Karosseriebauformen eingeführt. Die neunte Generation wurde 2000 vorgestellt. Sie zeichnete sich durch ein vollständig neues Design und einen verlängerten Radstand der Limousine aus. Als Antrieb dienten ein V6-Motor mit 3,8 Litern Hubraum oder eine V8-Maschine mit 4,6 Litern Hubraum. Im letzten Jahr der Produktion wurden noch einmal kleinere Design-Änderungen vorgenommen.

▶ Wussten Sie schon?

Die letzte Generation des Pontiac Bonneville wurde in zwei Werken produziert, die beide in Michigan liegen.

„Luxus mit Haltung" lautete ein Werbespruch für den Bonneville. Bild: Hans J. Schippers

TECHNISCHE DATEN

Bauzeit	2000–2005
Motor	V6-Motor
Stückzahl	k.A.
Leistung	207 PS
Hubraum	3785 ccm
Zylinder	6
Höchstgeschwindigkeit	170 km/h
Gewicht	1630 kg
Verbrauch	11,8 l/100 km

Der Pontiac Bonneville ist eine Limousine der Oberklasse. Bild: General Motors

262

Cadillac DeVille X

Der DeVille wurde von 1956 bis 2005 als Modell der General-Motors-Nobelmarke Cadillac produziert. Es erschienen mehrere Modellgenerationen, von denen die zehnte ab 2000 hergestellt wurde. Der DeVille war seit 1994 nur als viertürige Limousine erhältlich. Berühmtheit erlangte er, weil eine gepanzerte Ausführung zum Transport des amerikanischen Präsidenten diente. Die zehnte Generation wurde von einem V8-Motor mit 4,6 Litern Hubraum angetrieben. Abhängig von der Ausführung war eine Maximalleistung von 300 PS möglich.

▶ **Wussten Sie schon?**

Zur Ausstattung des Cadillac DeVille gehörte zeitweise ein Nachtsicht-Assistent mit einer Wärmebildkamera.

Der zehnte DeVille erinnert sehr stark an deutsche Oberklasse-Modelle. Bild: Hans J. Schippers

TECHNISCHE DATEN

Bauzeit	2000–2005
Motor	GM V8-Motor
Stückzahl	k.A.
Leistung	300 PS
Hubraum	4600 ccm
Zylinder	8
Höchstgeschwindigkeit	210 km/h
Gewicht	1721 kg
Verbrauch	14 l/100 km

Verglichen mit früheren Versionen besaß die zehnte DeVille-Generation ein schon fast sportliches Styling. Bild: General Motors

Mosler MT900 GTR 263

Nur 113 Zentimeter ist der Mosler MT900 GTR hoch. Bild: Mosler Automotive

Im sonnigen Florida hat die von Warren Mosler gegründete Firma Mosler Automotive ihren Sitz. Mosler baut exklusive Renn- und Supersportwagen. Ein Modell aus den Mosler-Werkstätten ist der MT900 GTR, bei dem es sich um die für den Straßenverkehr zugelassene Variante des Rennfahrzeugs MT900 handelt. Nur 1.105 Kilogramm wiegt der MT900 GTR und schafft die Beschleunigung auf 100 Stundenkilometer in schlappen 3,1 Sekunden, mit dem optionalen Track-Performance-Package sogar in unglaublichen 2,9 Sekunden. Er gehört zu den schnellsten Autos der Welt.

▶ Wussten Sie schon?

Der MT900 GTR hat nur eine Höhe von 113 Zentimetern, reicht also nicht einmal bis zur Hüfte vieler Personen.

Aerodynamik pur. Bild: Mosler Automotive

TECHNISCHE DATEN

Bauzeit	ab 2001
Motor	GM-Smallblock-V8-Mittelmotor
Stückzahl	75
Leistung	600 PS
Hubraum	7011 ccm
Zylinder	8
Höchstgeschwindigkeit	340 km/h
Gewicht	1150 kg
Verbrauch	k.A.

264 Spyker C8 Laviolette LM 85

Wer 221.000 Euro übrig hatte, konnte einen Laviolette LM 85 ergattern. Bild: Spyker Cars N.V.

Mit dem Spyker C8 Laviolette LM 85 gelangte eine Straßenversion des GT2R unters Volk – genauer an 24 Kunden – streng limitiert. Das Antriebsaggregat stammt von Audi, hat acht in V-Form angeordnete Zylinder und liefert 400 PS. Der Wagen wurde mit viel Aluminium möglichst leicht gebaut. Für einen echten GT-Fahrer ist ein Schaltgetriebe selbstverständlich. Irgendwo über 300 km/h ist dann aber doch Schluss. Warum 85? Das ist die Startnummer von Spyker bei den 24 Stunden von Le Mans.

TECHNISCHE DATEN

Bauzeit	2001
Motor	Audi V8-Motor
Stückzahl	24
Leistung	400 PS
Hubraum	4136 ccm
Zylinder	8
Höchstgeschwindigkeit	300 km/h
Gewicht	1480 kg
Verbrauch	k.A.

265 Hispano-Suiza K8

Großer Name, tolles Fahrzeug. Der K 8 blieb aber leider ein Einzelstück. Bild: Tamorlan

Nach der Vorstellung einer Sportwagenstudie namens HS21 im Jahr 2000 hatte Hispano-Suiza, die einstmals berühmte spanisch-französische Autoschmiede, 2001 mit dem viersitzigen K8 auf dem Genfer Auto-Salon ein zweites von Mazel designtes Modell vorgestellt. Er blieb ebenfalls ein Prototyp, der sich durch ein luxuriös gestaltetes Innenleben im Gehirn der Besucher einprägte. Der V8-Alumotor entwickelte 360 PS.

TECHNISCHE DATEN

Bauzeit	2001–2001
Motor	V8-Motor
Stückzahl	1
Leistung	360 PS
Hubraum	4200 ccm
Zylinder	8
Höchstgeschwindigkeit	k.A.
Gewicht	k.A.
Verbrauch	k.A.

266

Toyota RAV4 II

Zu den Fahrzeugen, die Automobilgeschichte schrieben, gehört der Toyota RAV4. Das Modell wurde 1994 in Japan und Deutschland eingeführt, gelangte aber erst zwei Jahre später auf den nordamerikanischen Markt. Was den RAV4 so besonders machte, war die

Der RAV4 war sowohl mit Front- als auch mit Allradantrieb erhältlich. Bild: TOYOTA Deutschland GmbH

Idee, die Vorteile eines Geländewagens mit denen eines Pkw zu verbinden – das Crossover-SUV war geboren. Anstelle des sonst üblichen Leiterrahmens kam beim RAV4 eine selbsttragende Karosserie zum Einsatz. Die zweite Generation des Modells lief ab 2001 vom Band.

TECHNISCHE DATEN

Bauzeit	2001–2005
Motor	Reihenmotor
Stückzahl	k.A.
Leistung	147 PS
Hubraum	1998 ccm
Zylinder	4
Höchstgeschwindigkeit	185 km/h
Gewicht	1278 kg
Verbrauch	8,7 l/100 km

267

Lancia Thesis

Von 2002 bis 2009 befand sich der Thesis im Produktprogramm von Lancia. Die 170 bis 230 PS leistende Stufenheck-Limousine sollte Lancia in der oberen Mittelklasse stärken. Für den Antrieb wurden Ottomotoren mit 2,0, 2,4, 3,0 und 3,2 Litern Hubraum angeboten.

Die Ausstattung ließ keine Wünsche offen. Selbst beheizbare Massagesitze gab es. Bild: Lancia

Die Ausführung mit Dieselmotor besaß einen Hubraum von 2,4 Litern, wobei der Motor über ein Common-Rail-Einspritzsystem verfügte. Ab 2008 wurde der Thesis nur noch mit Dieselmotor angeboten. Das Nachfolgemodell des Thesis ist der Lancia Kappa.

TECHNISCHE DATEN

Bauzeit	2002-2009
Motor	Diesel-Reihenmotor
Stückzahl	k.A.
Leistung	185 PS
Hubraum	2387 ccm
Zylinder	5
Höchstgeschwindigkeit	220 km/h
Gewicht	1895 kg
Verbrauch	8,8 l/100 km

268

Spyker C8 Spyder

Das mit einem Achtzylinder-Motor ausgestattete Modell C8 der niederländischen Sportwagenmanufaktur Spyker wird als Coupé-Version C8 Laviolette und in einer offenen Ausführung als C8 Spyder angeboten. Die Spyder-Ausführung wiegt 1.250 Kilogramm und kann innerhalb von 4,5 Sekunden von Null auf eine Geschwindigkeit von 100 Stundenkilometern beschleunigen. Die Höchstgeschwindigkeit wird mit 300 Stundenkilometern angegeben. Der 4,2 Liter große Hubraum kann es auf eine Leitung von 400 PS bringen.

▶ Wussten Sie schon?

Als Kraftzentrale des Spyker C8 Spyder dient ein Achtzylindermotor, der von Audi aus Ingolstadt geliefert wird.

Sportwagen der Superlative. Bild: Spyker Cars N.V.

TECHNISCHE DATEN

Bauzeit	ab 2002
Motor	Reihenmotor
Stückzahl	k.A.
Leistung	400 PS
Hubraum	4172 ccm
Zylinder	8
Höchstgeschwindigkeit	300 km/h
Gewicht	1250 kg
Verbrauch	k.A.

Kein C8 Spyder gleicht völlig dem anderen, denn Spyker fertigt exklusive Einzelstücke für eine exklusive Kundschaft. Bild: Dieter Haugk/Pixelio

Lexus SC 430

Das Design des Lexus SC 430 stammt aus Nizza. Produziert wird das Modell in Japan.
Bilder: TOYOTA Deutschland GmbH

Der SC gehört zur Toyota-Luxusmarke Lexus. Der erste SC wurde 1991 eingeführt. Dabei handelt es sich um ein zweitüriges Coupé. Die zweite Generation ging 2002 an der Start. Der SC 430, wie die neue Version hieß, stand als Cabrio mit Stahlverdeck zur Verfügung. Mit dem 4,3 Liter großen Achtzylinder-Motor erzielte das Modell eine Leistung von 286 PS. 250 Stundenkilometer konnten damit auf der Straße erzielt werden. Innerhalb von 6,2 Sekunden konnte der SC 430 vom Stand aus die Geschwindigkeit von 100 km/h erreichen.

TECHNISCHE DATEN

Bauzeit	2002–2010
Motor	V8-Motor
Stückzahl	k.A.
Leistung	286 PS
Hubraum	4293 ccm
Zylinder	8
Höchstgeschwindigkeit	250 km/h
Gewicht	1768 kg
Verbrauch	14,8 l/100 km

Aufsehen erregte der Lexus SC 430 vor allem durch sein aufwendiges Klappdach.

270 Pontiac Firebird Trans Am Collector Ed.

Für die Collectors Edition zeigte sich der Firebird noch einmal von seiner besten Seite. Bild: General Motors

Der ursprünglich als Konkurrent des Ford Mustang gedachte Pontiac Firebird wurde von General Motors von 1967 bis 2002 hergestellt. Ab 1969 war der Firebird zusätzlich in einer aufgerüsteten Trans-Am-Version erhältlich. Dazu zählten ein stärkerer Motor, eine besondere Motorhaube, Spoiler, Nebellichter und andere Upgrades. Eine spezielle, auf 2.000 Exemplare beschränkte Sammler-Edition des Firebird Trans Am kam 2002 auf den Markt. Es bedeutete zugleich den Schwanengesang der Firebirds.

TECHNISCHE DATEN

Bauzeit	2002
Motor	V8-Motor
Stückzahl	2000
Leistung	325 PS
Hubraum	5700 ccm
Zylinder	8
Höchstgeschwindigkeit	210 km/h
Gewicht	1579 kg
Verbrauch	12,4 l/100 km

271 Mercedes-Benz C 180 (W 203)

Der Typ 180 war das Einstiegsmodell in die zweite Generation der C-Klasse. Bild: Sammlung Dörflinger

Mit der C-Klasse hat Mercedes-Benz einen richtigen Schritt zur richtigen Zeit getan. Die zweite Generation dieser Serie bildeten die Modelle der Baureihe W 203. Das interessanteste Modell ist der C 180 Kompressor. Dessen Motor wird durch einen Kompressor aufgeladen, der ähnlich wie ein Turbolader arbeitet, aber durch einen Keilriemen angetrieben wird. Das Ergebnis ist höhere Motorleistung bei weniger Verbrauch. Dadurch liegt seine Spitzengeschwindigkeit 13 km/h über der des Basismodells. Käufer der C-Klasse hatten mit 22 Varianten bei der Motorisierung die Qual der Wahl.

TECHNISCHE DATEN

Bauzeit	2002–2007
Motor	M 271 Otto-Reihenmotor mit Kompressor
Stückzahl	über 2000000 (alle W 203)
Leistung	143 PS
Hubraum	1796 ccm
Zylinder	4
Höchstgeschwindigkeit	220 km/h
Gewicht	1505 kg
Verbrauch	8,2 l/100 km

272

Lancia Ypsilon

Im Jahr 2003 wurde der Lancia Ypsilon als Nachfolger des Lancia Y präsentiert. Das kleine Auto entwickelte sich schnell zum Beststeller. Eine Überarbeitung erfolgte 2007, als der Ypsilon mit einem veränderten Kühlergrill sowie neuen Front- und Heckschürzen versehen wurde. In technischer Hinsicht ist der Lancia Ypsilon mit dem Fiat Punto verwandt. Es sind vor allem die Motoren und das Fahrwerk, das er mit dem Brudermodell von Fiat teilt. Neben verschieden starken Ottomotoren kann der Lancia Ypsilon auch mit einem 1,3 Liter großen Dieselmotor geordert werden.

Eine Ausstrahlung der Oberklasse wird dem Lancia zugeschrieben. Bild: Lancia

TECHNISCHE DATEN

Bauzeit	ab 2003
Motor	Reihenmotor
Stückzahl	k.A.
Leistung	60 PS
Hubraum	1242 ccm
Zylinder	4
Höchstgeschwindigkeit	153 km/h
Gewicht	1020 kg
Verbrauch	5,5 l/100 km

273

Rolls-Royce Phantom

Modelle mit dem Namen Phantom wurden bei Rolls-Royce von 1925 bis 1991 in mehreren Generation hergestellt. 2003 kam ein neuer Phantom auf den Markt. Dabei handelt es sich jedoch um eine technische Neuentwicklung. Was diesen Wagen mit den Vorgängern verbindet, ist der Umstand, dass es sich um das Spitzenmodell der britischen Nobelmarke handelt. Den Phantom gibt es in einer normalen Version und mit verlängertem Radstand. Bei der Beschleunigung benötigt die längere Ausführung allerdings 0,2 Sekunden mehr, um 100 km/h zu erreichen.

Der Phantom ist das Flaggschiff aus der Automobilschmiede in Goodwood. Bild: Rolls-Royce Motor Cars

TECHNISCHE DATEN

Bauzeit	ab 2003
Motor	V12-Motor
Stückzahl	k.A.
Leistung	460 PS
Hubraum	6749 ccm
Zylinder	12
Höchstgeschwindigkeit	240 km/h
Gewicht	2550 kg
Verbrauch	13,6 l/100 km

274 Porsche 911 GT2 (ab Mj. 2004) (996)

Der 911 GT2 sollte leicht sein, weshalb es keine Rücksitze gibt. Bild: Dr. Ing. h.c. F. Porsche AG

Seit 1993 wird in Stuttgart-Zuffenhausen der 911 GT2, die Sportvariante des 911 Turbo, hergestellt. Verglichen mit dem Basismodell ist der GT2 leichter und stärker motorisiert und bietet damit eine bessere Performance. 1999 wurde die erste Generation des 911 GT2 durch den Typ 996 ersetzt. Diese Version bekam einen neuen 3,6-Liter-Motor, der eine Höchstleistung von 469 PS schaffte. Eine zweite Serie des GT2 996 begann 2003 mit dem Einbau eines 483 PS starken Motors. Die Höchstgeschwindigkeit lag mit dieser Ausstattung bei 315 Stundenkilometern.

TECHNISCHE DATEN

Bauzeit	2003–2004
Motor	Boxermotor mit Turboaufladung
Stückzahl	k.A.
Leistung	483 PS
Hubraum	3600 ccm
Zylinder	6
Höchstgeschwindigkeit	319 km/h
Gewicht	1420 kg
Verbrauch	12,9 l/100 km

275 Rinspeed Bedouin

Das Concept Car Bedouin ist nicht nur schnell, sondern auch umweltfreundlich. Bild: Rinspeed

Rinspeed ist eine Firma aus der Schweiz, die jedes Jahr durch spektakuläre Konzeptfahrzeuge auf sich aufmerksam macht. 2003 wurde der Bedouin vorgestellt, der sich nicht nur durch seinen Erdgasantrieb auszeichnete, sondern mit abgeregelten 250 km/h gleich der schnellste dieser Klasse war. Der Clou des Modells war das absenkbare Dach, das aus dem Kombi einen Pickup mit offener Ladefläche machen konnte. Die allradgetriebene Plattform übernahm Rinspeed vom Porsche Carrera Typ 996.

TECHNISCHE DATEN

Bauzeit	2003
Motor	Biturbo-Boxermotor
Stückzahl	1
Leistung	420 PS
Hubraum	3600 ccm
Zylinder	6
Höchstgeschwindigkeit	250 km/h
Gewicht	1640 kg
Verbrauch	13 l/100 km

Koenigsegg CCR

276

Im Jahr 2004 gab die schwedische Firma Koenigsegg die Krone des schnellsten Autos der Welt mit Straßenzulassung vom CC8S an den CCR weiter. 390 Stundenkilometer wurden aufgezeichnet. Doch inzwischen gibt es noch schnellere Autos. Der von Ford stammende V8-Motor leistete 806 PS, was den Koenigsegg CCR in nur 3,2 Sekunden auf 100 km/h brachte. Der Koenigsegg CCR verfügt über eine Reihe nützlicher Features wie eine Traktionskontrolle, ABS, Klimaautomatik und Airbag. So macht Fahren Spaß!

▶ Wussten Sie schon?

Der CCR benötigt nur 31 Meter, um aus einer Geschwindigkeit von 100 km/h zum Stehen zu kommen.

Supersportwagen aus Schweden. Bild: Koenigsegg

TECHNISCHE DATEN

Bauzeit	2003–2005
Motor	Ford V8-Motor
Stückzahl	14
Leistung	806 PS
Hubraum	4700 ccm
Zylinder	8
Höchstgeschwindigkeit	390 km/h
Gewicht	1180 kg
Verbrauch	k.A.

Mit dem CCR bringt Koenigsegg einen der schnellsten Straßenwagen auf den Markt. Bild: Thecodmaster

277 Porsche Carrera GT

Trotz seines stolzen Preises war der Porsche Carrera GT bald ausverkauft. Bild: Dr. Ing. h.c. F. Porsche AG

Der Carrera GT wurde von 2004 bis 2006 in Leipzig produziert. Der zweisitzige Roadster wurde von einem Zehnzylinder-Motor angetrieben. Die Höchstleistung lag bei 612 PS. In nur 3,9 Sekunden schaffte es das 1.380 Kilogramm wiegende Gefährt, von Null auf 100 Stundenkilometer zu beschleunigen. Zu den Besonderheiten des Carrera GT gehörte aber nicht nur die Leistung, sondern auch die Herstellung, denn an jedem Exemplar wurde in dem Leipziger Werk ungefähr 130 Stunden gearbeitet, um daraus ein einzigartiges Produkt entstehen zu lassen. Höchstens drei Wagen rollten täglich aus dem Fabriktor. Diese Exklusivität hatte ihren Preis.

TECHNISCHE DATEN

Bauzeit	2004–2006
Motor	V10-Motor
Stückzahl	1282
Leistung	612 PS
Hubraum	5733 ccm
Zylinder	10
Höchstgeschwindigkeit	334 km/h
Gewicht	1380 kg
Verbrauch	17,8 l/100 km

278 Porsche Boxster (987)

In Finnland bei Valmet wird der Großteil dieser Cabrios gebaut. Bild: Dr. Ing. h.c. F. Porsche AG

Der Boxster war eine Rückbesinnung auf die Wurzeln des Konzerns: sportlicher Roadster, (jetzt allerdings flüssigkeitsgekühlter) Boxermotor, ansprechendes Design, höchster technischer Anspruch. Die erste Generation (Typ 986) wurde zwischen 1996 und 2003 gebaut. Seit 2004 ist nun die Nachfolgeversion auf dem Markt, der Typ 987. In bislang zwei Faceliftings wurde die Motorisierung verstärkt. Die angegebenen Daten entsprechen dem Porsche Boxster des Modelljahres 2004. 2009 wurde das Fünfgang-Getriebe durch eines mit sieben Gängen ersetzt. Erstmals wurden beim 2004er Boxster in einem Roadster Kopfairbags eingebaut.

TECHNISCHE DATEN

Bauzeit	ab 2004
Motor	Boxermotor
Stückzahl	über 100.000
Leistung	240 PS
Hubraum	2687 ccm
Zylinder	6
Höchstgeschwindigkeit	256 km/h
Gewicht	1295 kg
Verbrauch	9,6 l/100 km

Ferrari 612 Scaglietti

In 4,2 Sekunden beschleunigt der Ferrari 612 Scaglietti von Null auf 100. Bild: FIAT S.p.A

Sergio Scaglietti war ein in Maranello beheimateter Automobildesigner und Karosseriebauer, der vor allem für Ferrari arbeitete. Nach ihm ist der 612 Scaglietti benannt, dessen Design von der bekannten Firma Pininfarina stammt. In dem Sportwagen haben bis zu vier Personen Platz, wobei sich auf den hinteren Sitzen niemand über die mangelnde Beinfreiheit beklagen muss, denn der Ferrari kann ihn bei einer Höchstgeschwindigkeit von 320 km/h schnell ans Ziel bringen. Unter der Motorhaube brummt ein Zwölfzylinder-Motor mit einer Maximalleistung von 540 PS.

▶ Wussten Sie schon?

Wer einen Ferrari haben möchte, sollte nicht knapp bei Kasse sein. 218000 Euro kostete der 612 Scaglietti.

Rund dominiert bei Ferrari. Bild: FIAT S.p.A.

TECHNISCHE DATEN

Bauzeit	2004–2010
Motor	V12-Motor
Stückzahl	k.A.
Leistung	540 PS
Hubraum	5748 ccm
Zylinder	12
Höchstgeschwindigkeit	320 km/h
Gewicht	1840 kg
Verbrauch	20,7 l/100 km

280

VW Phaeton 3.0 TDI

In der „Gläsernen Manufaktur" zu Dresden wird der Phaeton gefertigt. Bild: Volkswagen AG

Der schönste VW spielt in einer Liga mit dem Audi A 8, der S-Klasse von Mercedes und dem BMW 7er. Der Diesel-Phaeton ist die Version mit den wenigsten PS, nämlich 240 im Gegensatz zu den Benzinern, die zwischen 280 und 450 PS liegen. Der Sechszylinder-Reihenmotor arbeitet mit Common Rail und Turbolader. Er erfüllt die sehr strenge EURO-5-Abgasnorm und verbraucht kombiniert 9 Liter, das ist die Hälfte des Kraftstoffs, den der stärkste Benziner schluckt. Technisch kann der Phaeton mit Extras wie dem Umfeldbeobachtungssystem „Front Assist" oder einem Spurwechselassistenten überzeugen, ebenso mit der Vierrad-Luftdämpfung mit automatischer Niveauregulierung.

TECHNISCHE DATEN

Bauzeit	ab 2004
Motor	V6-Motor
Stückzahl	über 40000
Leistung	240 PS
Hubraum	2967 ccm
Zylinder	6
Höchstgeschwindigkeit	237 km/h
Gewicht	2233 kg
Verbrauch	9 l/100 km

281

Morgan Roadster

Gelebte Vergangenheit bietet dieser Roadster, der den Morgan Plus 8 ablöste. Bild: Morgan Motor Company

Morgan ist im Autobau so etwas wie ein lebendig gebliebenes Zeugnis des alten Empire. Traditionsverbundenheit und die Liebe zu den alten Autos der 1930er-Jahre finden auch heute noch ihre Käufer. Anders als die vielen Hersteller von Repliken alter Traumautos stellt Morgen eigene Neuwagen vor. Der Roadster ist 2004 entstanden, als der Motorenlieferant für das Modell Plus 8 ausgefallen war. Jetzt wurde das Auto um einen V6-Motor von Jaguar herum aufgebaut. Mit 230 PS fährt das Gefährt eine beeindruckende Leistung auf.

TECHNISCHE DATEN

Bauzeit	ab 2004
Motor	Jaguar V6-Motor
Stückzahl	k.A.
Leistung	230 PS
Hubraum	2967 ccm
Zylinder	6
Höchstgeschwindigkeit	134 km/h
Gewicht	900 kg
Verbrauch	29,8 l/100 km

Chrysler 300C SRT8

282

Zur oberen Mittelklasse zählt der Chrysler 300C, der 2004 auf den Markt kam und in Kanada, im österreichischen Graz sowie in China produziert wurde. Im gleichen Jahr wurde die SRT8-Ausführung eingeführt. Sie unterschied sich von der normalen Version durch den stärkeren Motor, der 431 PS leisten konnte und einen Hubraum von sechs Litern besaß. Außerdem gehörten ein Aerodynamik-Paket und größere Räder zur Ausstattung. Auch das Interieur kam gehobenen Ansprüchen entgegen, beispielsweise durch die eingebauten Ledersitze.

Die SRT8-Variante ist die Luxus-Version des Chrysler 300C. Bild: Chrysler Group LLC

TECHNISCHE DATEN

Bauzeit	2004–2010
Motor	6.1 l-SRT-V8-HEMI-Motor
Stückzahl	k.A.
Leistung	431 PS
Hubraum	6059 ccm
Zylinder	8
Höchstgeschwindigkeit	265 km/h
Gewicht	2035 kg
Verbrauch	14,2 l/100 km

TVR Sagaris

283

TVR stellte 2004 seinen Sagaris vor, der bis 2006 gebaut wurde. Dieser Sportwagen, der nur als Coupé erhältlich war, verzichtete auf Sicherheitsfeatures wie ABS, ESP oder Airbags. Unter der Haube steckte ein Reihensechszylinder mit Trockensumpfschmierung und einer Leistung von 380 PS. Auf dem handgeschweißten Leicht-Gitterrohrrahmen war eine glasfaserverstärkte Kunststoffkarosserie aufgebaut, die nach aerodynamischen Prinzipien geformt wurde. Der Sagaris wurde von TVR bis zum Produktionsende 2006 im englischen Blackpool, in der Grafschaft Lancashire, hergestellt.

„Sagaris" war ursprünglich die Bezeichnung einer leichten Streitaxt der Skythen. Bild: Newspress Ltd.

TECHNISCHE DATEN

Bauzeit	2004–2006
Motor	Reihenmotor
Stückzahl	k.A.
Leistung	385 PS
Hubraum	3996 ccm
Zylinder	6
Höchstgeschwindigkeit	298 km/h
Gewicht	1078 kg
Verbrauch	29 l/100 km

284

Opel Astra H

Beim Astra handelt es sich um den Nachfolger des Opel Kadett. Verglichen mit den früheren Versionen wurde der Astra H, der 2004 auf den Markt kam, etwas vergrößert. Produziert wurde der Astra in Bochum, Antwerpen, Kaliningrad, im polnischen Gliwice, in Brasilien, Südafrika, der Ukraine und England. In einigen Ländern wird er als Chevrolet Astra, Holden Astra, Vauxhall Astra, Saturn Astra oder seltsamerweise Chevrolet Vectra vertrieben. Zu den Modellvarianten gehören ein Schrägheck-Astra mit drei oder fünf Türen, ein Kombi, ein Cabrio, eine Stufenheckversion und ein Lieferwagen.

Wussten Sie schon?
Ein sportliche Version mit einem stärkeren Motor, Sportsitzen und anderen Besonderheiten wurde als Astra OPC verkauft.

TECHNISCHE DATEN

Bauzeit	2004–2009
Motor	Reihenmotor
Stückzahl	k.A.
Leistung	140 PS
Hubraum	1796 ccm
Zylinder	4
Höchstgeschwindigkeit	207 km/h
Gewicht	1278 kg
Verbrauch	7,2 l/100 km

Ein Stern am Opel-Himmel.

Die Kombi-Version des Astra verfügte über einen 1,9 Liter großen Dieselmotor. Bild: Sammlung Dörflinger

285

Mazda MX-5 III

Der MX-5 kam 1989 auf den Markt und war vor allem mit Blick auf den kalifornischen Markt entwickelt worden. Der zweisitzige Sportwagen erwies sich aber auch in anderen Regionen als Verkaufsschlager. Die Nachfrage war so groß, dass zeitweise Lieferengpässe eintraten. Bis Anfang 2007 waren es über 800.000 Exemplare, die einen Käufer gefunden hatten. In den USA wurde der MX-5 als Mazda Miata vertrieben, in Japan lautete seine Bezeichnung Eunos Roadster. Die dritte Generation des MX-5 erschien 2005.

Der MX-5 hat als meistverkaufter Roadster aller Zeiten viel Ruhm eingeheimst. Bild: Mazda

TECHNISCHE DATEN

Bauzeit	ab 2005
Motor	Reihenmotor
Stückzahl	über 800.000 (alle Generationen)
Leistung	160 PS
Hubraum	1999 ccm
Zylinder	4
Höchstgeschwindigkeit	212 km/h
Gewicht	1155 kg
Verbrauch	7,4 l/100 km

286

Citroën C 1

Zusammen mit dem Toyota Aygo und dem Peugeot 107 ist der Citroën C 1 ein Kind der Toyota Peugeot Citroën Automobile, einem Joint Venture der Peugeot Société Anonyme, zu der seit 1976 Citroën gehört, und dem japanischen Riesen Toyota. Alle drei sind weitgehend baugleich und werden im tschechischen Kolín östlich von Prag produziert. Die Dieselversion verbraucht nur 4,1 Liter, die Variante mit dem Dreizylinder-Otto-Motor liegt bei 4,6. Es werden ein Dreitürer und eine Version mit fünf Türen gebaut.

Der C 1 ist zu 90 Prozent baugleich mit dem Toyota Aygo und dem Peugeot 107. Bild: Citroën

TECHNISCHE DATEN

Bauzeit	ab 2005
Motor	Otto- oder Diesel-Reihenmotor
Stückzahl	k.A.
Leistung	68 PS
Hubraum	998 ccm
Zylinder	3
Höchstgeschwindigkeit	157 km/h
Gewicht	865 kg
Verbrauch	4,6 l/100 km

287

Gumpert Apollo

Im thüringischen Altenburg befindet sich die Gumpert Sportwagenmanufaktur, die es sich zum Ziel gesetzt hat, exklusive Sportwagen, die sowohl für den Straßenverkehr als auch für Rennen zugelassen sind, herzustellen. Dabei wird vor allem Wert auf handwerkliche Präzision, Qualität und Luxus gelegt. Der Gumpert Apollo ging 2005 in Serienfertigung. Die Anlage ist für eine jährliche Fertigung von etwa 60 Exemplaren ausgelegt. Der im Apollo verwendete V8-Hochleistungsmotor stammte von Audi und leistete in der Basisversion 650 PS.

▶ Wussten Sie schon?

Am Gitterrohrrahmen befindet sich vorne eine Crashbox, die bei einem eventuellen Aufprall für Sicherheit sorgt.

TECHNISCHE DATEN

Bauzeit	2005–2013
Motor	Audi V-Biturbo-Motor
Stückzahl	k.A.
Leistung	4163 ccm
Hubraum	650 PS
Zylinder	8
Höchstgeschwindigkeit	360 km/h
Gewicht	1200 kg
Verbrauch	15 l/100 km

Erklärtes Ziel der Gumpert Sportwagenmanufaktur ist es, jeden einzelnen Apollo als ein Meisterstück mit persönlichem Charakter herzustellen. Bild: GUMPERT Sportwagenmanufaktur GmbH

Geringe Bauhöhe, relativ breite Bauform und eine aerodanamische Form machen aus dem Veyron 16.4 ein echtes Traumauto. Bild: Bugatti

288 Bugatti Veyron 16.4

Bis 2007 war der Veyron 16.4 der Volkswagen-Tochter Bugatti das schnellste Auto der Welt. Das „Spielzeug" der Wolfsburger wurde nach dem bekannten Vorkriegsrennfahrer Pierre Veyron benannt, der für Bugatti gearbeitet hatte. Als Kraftzentrale hat der Veyron einen Doppel-V-Motor mit 16 Zylindern à vier Ventilen, der als Mittelmotor eingebaut ist. Nun ist klar, was die Ziffern im Namen bedeuten. Allein um dieses Aggregat auf Temperatur halten zu können, mussten zehn Kühler eingebaut werden. Außerdem hat der Veyron vier Abgasturbolader mit Ladeluftkühlung. Um in Regionen der Höchstgeschwindigkeit von über 400 Stundenkilometern vorstoßen zu können, muss der „Speed Key" umgedreht werden. Das Fahrzeug wird durch eine andere Einstellung der Spoiler und eine tiefere Straßenlage für den Geschwindigkeitsrausch vorbereitet. Das ist die Einstellung „Topspeed". Die Straßeneinstellung heißt „Standard". Eine dritte Version „Handling" erlaubt eine spezielle Einstellung etwa für schnelle Landstraßenfahrten. Der Stückpreis liegt bei 1,3 Millionen Euro. Dazu kommen noch die Kosten für einen kombinierten Kraftstoffverbrauch von 24,1 Litern Super Plus.

▶ Wussten Sie schon?

Dieses Modell zeigt, wozu VW imstande ist. Der Motor stammt aus Salzgitter, auch Konstruktion und Design wurden von VW verantwortet.

TECHNISCHE DATEN

Bauzeit	ab 2005
Motor	Doppel-V-Motor
Stückzahl	300
Leistung	1001 PS
Hubraum	7993 ccm
Zylinder	16
Höchstgeschwindigkeit	408 km/h
Gewicht	1888 kg
Verbrauch	24,1 l/100 km

289

Maybach 62 S

2002 hatte Mercedes-Benz den Namen Maybach wieder reaktiviert und eine neue Firma ins Leben gerufen, die nichts anderes im Sinn haben sollte, als exquisite Luxuskarossen zu bauen, für die gerade mal die Scheichs reich genug waren. Zwei Modelle wurden vorgestellt, von denen es jeweils wieder eine Spezialversion „S“ mit einem größeren Motor gab. Die Modelle 57 und 62 unterschieden sich lediglich durch ihre Länge, das eine war 5,7, der andere 6,2 Meter lang. Die S-Version war seit 2005 erhältlich. Sie wurde von einem V12-Motor mit Biturbo-Aufladung angetrieben, der eine Leistung von 612 PS abgab. Die Höchstgeschwindigkeit von 250 Stundenkilometern war elektronisch abgeregelt.

▶ Wussten Sie schon?

Für 530.000 Euro war der Maybach 62 S zu haben, dann allerdings ohne Sicherheitstechnik und Panoramadach.

TECHNISCHE DATEN

Bauzeit	2005–2012
Motor	Mercedes-Benz V12-Motor mit Biturbo-Aufladung
Stückzahl	k.A.
Leistung	612 PS
Hubraum	5980 ccm
Zylinder	12
Höchstgeschwindigkeit	250 km/h
Gewicht	2855 kg
Verbrauch	16,4 l/100 km

Luxus auf vier Rädern: der Maybach 62 S.

Vor allem in Dubai oder bei Stars, Millionären und gekrönten Häuptern sucht Maybach seine Klientel. Die Wagen werden in Sindelfingen per Hand gefertigt. Bilder: Daimler AG

Hummer H3

Als Hummer wurde ursprünglich die zivile Ausführung des von AM General hergestellten Militärfahrzeugs Humvee (HMMWV) bezeichnet. Nachdem General Motors die Marke 1999 übernommen hatte, kamen zwei neue Hummer-Modelle auf den Markt: der H2 und der etwas leichtere H3, der gegen die kleineren SUV konkurrieren sollte. Die steigenden Kraftstoffpreise führten 2008 jedoch zu einem starken Nachfragerückgang nach diesen Modellen. 2009 wurde ein Hummer H3 mit Plug-in-Hybrid-Antrieb vorgestellt: Er bekam die Bezeichnung „Electric Hummer H3". Im Juni 2009 wurde die Übernahme der General-Motors-Marke Hummer durch das chinesische Industrieunternehmen Sichuan Tengzhong bekannt gegeben, allerdings scheiterte der Verkauf.

TECHNISCHE DATEN

Bauzeit	2005–2010
Motor	Reihenmotor
Stückzahl	k.A.
Leistung	245 PS
Hubraum	3653 ccm
Zylinder	5
Höchstgeschwindigkeit	160 km/h
Gewicht	2200 kg
Verbrauch	14,7 l/100 km

Der Hummer H3 zeichnet sich durch kantige Formen aus. Bild: General Motors

Auf den ersten Blick – insbesondere von vorne – sind die bulligen Proportionen des 360 Modena zu erkennen. Bilder: FIAT S.p.A

291 Ferrari F430 Spider

Als Einstiegsmodell bei Ferrari galt für einige Zeit der F430, der in Maranello ab 2004 hergestellt wurde. Für ungefähr 150.000 Euro konnte er von Sportwagenbegeisterten erworben werden. Der Achtzylinder-Motor des F430 besaß einen Hubraum von 4,3 Litern und leistete 490 PS. Damit ließ sich eine Höchstgeschwindigkeit von 310 Stundenkilometern erreichen. Der F430 stand seit 2005 als Coupé und als Spider zur Verfügung. In Hinsicht auf die Leistung besteht kein Unterschied zwischen den beiden Varianten. Der Spider war jedoch zwei Zentimeter höher und ungefähr 70 Kilogramm schwerer als das Coupé. Ein Stoffverdeck schützte den Spider-Fahrer bei Nässe.

Wussten Sie schon?

Bemerkenswert: Bei einem Leergewicht von 1.520 Kilogramm kommen auf ein PS Motorleistung nur etwas über drei Kilogramm Gewicht.

TECHNISCHE DATEN

Bauzeit	2005–2009
Motor	V8-Motor
Stückzahl	k.A.
Leistung	490 PS
Hubraum	4306 ccm
Zylinder	8
Höchstgeschwindigkeit	310 km/h
Gewicht	1520 kg
Verbrauch	15,2 l/100 km

Der F430 Spider war einer der günstigeren Ferraris.

Shelby Ultimate Aero TT

Die Schmetterlingstüren ermöglichen ein bequemes Ein- und Aussteigen. Bild: Shelby SuperCars

Der SSC Aero ist ein Supersportwagen, der vom US-amerikanischen Kleinserienhersteller Shelby Super Cars hergestellt wird. Er ist auch als Ultimate Aero erhältlich. Der noch leistungsstärkere Ultimate Aero TT erreichte auf einer zweimal durchfahrenen Messstrecke im Jahr 2007 eine Höchstgeschwindigkeit von 412 km/h. Damit war der Ultimate Aero TT das schnellste Auto mit Straßenzulassung und wurde erst 2010 durch den Bugatti Veyron Super Sport abgelöst. Bemerkenswert ist vor allem, dass der SSC Ultimate Aero TT laut des amerikanischen Testmagazins „Road & Track" von 0 auf 124 mph (ca. 0–200 km/h) in 6 Sekunden und von 0 auf 186 mph (ca. 0–300 km/h) in nur 12 Sekunden beschleunigt. Das sind Testwerte, die von keinem anderen seriengefertigten Straßenfahrzeug erreicht werden. Die schnellste Beschleunigung von 0 auf 100 km/h erreicht der Bugatti Veyron 16.4 mit 2,46 Sekunden. Und die Rekordjagd geht weiter. Der neueste Typ soll etwas kürzer werden und eine Höchstgeschwindigkeit von 462 Stundenkilometern erreichen! Der Ultimate Aero TT hielt auch den Rekord für den Motor mit den meisten PS, der den gesetzlichen Emissionswerten entspricht.

▶ Wussten Sie schon?

Den etablierten Herstellern von Sportrennwagen fährt der Shelby Ultimate Aero TT mit Leichtigkeit davon.

TECHNISCHE DATEN

Bauzeit	ab 2006
Motor	V8-Motor
Stückzahl	k.A.
Leistung	1287 PS
Hubraum	6345 ccm
Zylinder	8
Höchstgeschwindigkeit	414 km/h
Gewicht	1247 kg
Verbrauch	k.A.

293 Ferrari 599 GTB Fiorano

In nur 3,7 Sekunden kann der Ferrari 599 GTB Fiorano auf 100 Stundenkilometer beschleunigen. Ermöglicht wird dies durch den 619 PS starken Motor. Die Zahl in der Modellbezeichnung bezieht sich auf den Hubraum, der bei 5.998 Kubikzentimetern liegt. GTB ist die Abkürzung für „Gran Turismo Berlinetta", womit ein gut motorisierter Sportwagen in der Bauweise eines kleinen Coupés gemeint ist. Und Fiorano heißt die Teststrecke, auf der Ferrari seine Wagen erprobt. Der Öffentlichkeit wurde der 599 GTB Fiorano 2006 auf dem Genfer Auto-Salon vorgestellt.

TECHNISCHE DATEN

Bauzeit	2006–2013
Motor	V12-Motor
Stückzahl	k.A.
Leistung	619 PS
Hubraum	5998 ccm
Zylinder	12
Höchstgeschwindigkeit	331 km/h
Gewicht	1765 kg
Verbrauch	21,3 l/100 km

Für 213.500 Euro war der über 600 PS starke 599 GTB Fiorano zu haben. Bild: FIAT S.p.A

Porsche Cayenne Turbo S (9PA) 294

Der Cayenne Turbo S geizt selbst bei der Innenausstattung nicht. Sogar die Rückbank ist beheizbar.
Bilder: Dr. Ing. h.c. F. Porsche AG

Das Sport Utility Vehicle aus dem Hause Porsche heißt Cayenne. Er wird seit 2002 in Leipzig und Bratislava gefertigt. Sein Sechszylinder-Motor bot anfangs eine Höchstleistung von 250 PS. Eine Turboversion mit einem Achtzylinder-Motor schaffte 450 PS, während es eine Turbo-S-Version sogar auf 521 PS brachte. 2007 bekamen alle Varianten des Cayenne einen neuen Motor. Die Normalausführung hat nun 290 PS, die Turboversion 500 und die Turbo-S-Variante sogar 550 PS zu bieten. Mit einer Beschleunigung von 4,8 Sekunden auf 100 Stundenkilometer bietet der Turbo S trotz seiner annähernd zweieinhalb Tonnen ein Fahrerlebnis wie bei einem Sportwagen.

▶ Wussten Sie schon?
Wenn der Cayenne voll beladen ist, kann er über drei Tonnen wiegen. Die hervorragenden Bremsen sorgen dabei für Sicherheit.

TECHNISCHE DATEN

Bauzeit	2002–2010
Motor	V8-Motor
Stückzahl	k.A.
Leistung	521 PS
Hubraum	4511 ccm
Zylinder	8
Höchstgeschwindigkeit	270 km/h
Gewicht	2355 kg
Verbrauch	15,7 l/100 km

Porsche Cayenne in der ab 2007 gebauten Form.

295 Chevrolet Corvette C6 Z06

Die Corvette kann auf eine lange Tradition bei Chevrolet zurückblicken. Das erste Modell erschien 1953 und entwickelte sich bald zum amerikanischen Kultmobil. Als Corvette C6 wurde die sechste Generation 2005 eingeführt. Im Herbst 2006 kam die Z06-Variante auf den Markt. Sie unterschied sich von der normalen Ausführung durch den größeren Motor, der einen Hubraum von sieben Litern besaß und bis zu 511 PS leisten konnte. Damit war er um 75 PS stärker als die normale Corvette. Ungefähr 2,8 Kilogramm Eigengewicht kamen bei der Z06-Version auf ein PS.

▶ **Wussten Sie schon?**

Mit einem Gewicht von exakt 1434 Kilogramm war die Z06 die leichteste aller Corvette-Versionen.

Unter der Motorhaube steckte ein V8-Motor.

TECHNISCHE DATEN

Bauzeit	2006–2013
Motor	GM V8-Motor
Stückzahl	k.A.
Leistung	511 PS
Hubraum	7011 ccm
Zylinder	8
Höchstgeschwindigkeit	318 km/h
Gewicht	1434 kg
Verbrauch	12,9 l/100 km

Die neue Corvette C6 Z06 ist nicht nur auf der anderen Seite des Atlantiks gefragt, sie ist auch in Europa erfolgreich. Bilder: General Motors

Mazda CX-7

Das japanische Unternehmen Mazda wurde 1920 von dem gelernten Schmied Jujiro Matsuda gegründet, der sich zur Aufgabe machte, Kork zu veredeln. Die ersten Fahrzeuge stellte die Firma bereits in den 1920er-Jahren her. Eines der neuesten Modelle aus dem Hause Mazda ist der CX-7, der von 2007 bis 2012 erhältlich war und als Nachfolger des Tribute für den europäischen Markt vorgesehen war. Die Produktion des SUV begann im vorhergehenden Jahr im Mazda-Stammwerk in Hiroshima. Der Motor hatte eine Hubraumgröße von 2,2 oder 2,3 Litern. Ein 2,2 Liter großer Turbodiesel wurde für den europäischen Markt vorgestellt. Zur Standardausstattung gehörten eine Klimatisierungsautomatik und eine Rückfahrkamera.

Der Mazda CX-7mit SCR-Katalysator.

TECHNISCHE DATEN

Bauzeit	2007–2012
Motor	Diesel-Reihenmotor
Stückzahl	k.A.
Leistung	173 PS
Hubraum	2184 ccm
Zylinder	4
Höchstgeschwindigkeit	200 km/h
Gewicht	1940 kg
Verbrauch	7,5 l/100 km

Zu den Sicherheitsfeatures des Mazda CX-7 gehört ein radarbasierter Spurwechselassistent. Bilder: Mazda

Das typische Merkmal des Clubman sind die beiden Hecktüren und die Clubdoor auf der rechten Seite. Bild: BMW AG

297 MINI Cooper S Clubman

Mit der Übernahme von Rover durch BMW kam 1994 auch die Marke Mini unter das Dach der Münchener Autobauer. Während sich BMW von Rover trennte, behielt man die Marke Mini und verlagerte deren Entwicklung in die bayerische Landeshauptstadt. Die zweite Generation des neuen MINI startete 2006. Er steht in mehreren Ausführungen und Karosserievarianten zur Verfügung. Dazu zählt der MINI Cooper S, der von einem 175 PS starken Motor angetrieben wird. In der Ausführung Clubman verfügt er über Hecktüren und für den Zustieg in den Fond über eine sogenannte „Clubdoor“, die ohne einen äußeren Türgriff auskommt und sich nur bei geöffneter Beifahrertür entriegeln lässt.

TECHNISCHE DATEN

Bauzeit	ab 2007
Motor	Reihenmotor
Stückzahl	k.A.
Leistung	175 PS
Hubraum	1598 ccm
Zylinder	4
Höchstgeschwindigkeit	224 km/h
Gewicht	1280 kg
Verbrauch	6,3 l/100 km

Ferrari FXX Evolution

298

Von 2005 bis 2007 stellte Ferrari den Supersportwagen FXX her. Der Zwölfzylinder-Motor mit 6,2 Litern Hubraum leistete 812 PS. Das 1,5 Millionen Euro teure Fahrzeug wurde jedoch nie für den öffentlichen Straßenverkehr zugelassen und war auf 31 Exemplare beschränkt. Mit dem Evolution-Paket führte Ferrari das FXX-Programm 2007 fort. Diesmal lag die Stückzahl der Fahrzeuge bei 20. Der 6.262 Kubikzentimeter große Motor kam in dieser Ausführung auf eine Höchstleistung von 860 PS. Die Höchstgeschwindigkeit wurde mit 350 Stundenkilometern angegeben, was wohl nur für eine Teilnahme bei Rennen relevant war. In 60 Millisekunden ist ein Gangwechsel möglich.

▶ Wussten Sie schon?

Mit dem Ferrari FXX Evolution sollen vor allem neue Komponenten getestet werden, er ist ein Technologieträger.

Evolution der Technik: Ferrari FXX. Bild: FIAT S.p.A

TECHNISCHE DATEN

Bauzeit	2007
Motor	V12-Motor
Stückzahl	20
Leistung	6262 ccm
Hubraum	860 PS
Zylinder	12
Höchstgeschwindigkeit	350 km/h
Gewicht	1155 kg
Verbrauch	k.A.

Auf normalen Straßen wird man den FXX Evolution nicht vorbeiflitzen sehen. Bild: FIAT S.p.A

299 Bentley Continental GT Speed

Als die Automarke der britischen Royals in deutsche Hände fiel, hörte man im Oberhaus ein leises Murren, viele Engländer fanden das „shocking" und war Elizabeth II. „not amused"? Doch das erste Modell nach der Übernahme durch VW zeigte, wie fruchtbar der alte Kontinent für die noblen Insulaner sein kann. 2003 kam der erste Continental heraus. Mit dem GT Speed setzte man 2007 noch einen drauf. Dieses Allradmodell mit Sechsgang-Automatikgetriebe erreicht Spitzengeschwindigkeiten bis zu 326 km/h. Er wird im Stammwerk von Bentley in Handarbeit produziert. Der Kaufpreis nach einiger Wartezeit liegt bei 205.000 Euro.

Wussten Sie schon?

Der Continental GT ist das erste Modell der Briten unter der Regie des deutschen Volkswagenkonzerns. Der Motor wird – allerdings ohne Turbo – auch beim VW Phaeton verwendet.

TECHNISCHE DATEN

Bauzeit	ab 2007
Motor	W 12 Biturbo
Stückzahl	k.A.
Leistung	610 PS
Hubraum	5998 ccm
Zylinder	12
Höchstgeschwindigkeit	326 km/h
Gewicht	2350 kg
Verbrauch	k.A.

Ein Auto für den Adel. Bild: Bentley

Handarbeit aus England hat seit langen Jahren einen herausragenden Ruf. Bild: Bentley

Maserati Quattroporte Sport GT S

300

Das Unternehmen mit den drei Zacken im Emblem stellt Limousinen der Oberklasse her. Dazu zählt auch der Quattroporte Sport GT S. Bilder: FIAT S.p.A

Die fünf Maserati-Brüder Alfieri, Bindo, Carlo, Ernesto und Ettore gründeten 1914 in Bologna die Firma „Società Anonima Officine Alfieri Maserati“ (soviel wie: „Alfieri-Maserati-Werkstätten AG“). Die Serienfertigung von Pkw begann 1946. Heute bietet das Unternehmen, das seinen Sitz mittlerweile in Modena hat und zur Fiat-Gruppe gehört, Sportwagen und Limousinen der Oberklasse an. Zu letzterer Gattung zählt der Quattroporte Sport GT S, der sich von 2007 bis 2012 im Angebot befand. Bis zu 440 PS konnte der V8-Motor des Nobelfahrzeugs leisten. Trotz seiner 1.990 Kilogramm beschleunigte er in 5,1 Sekunden auf 100 Stundenkilometer. Die Höchstgeschwindigkeit lag bei 285 km/h.

TECHNISCHE DATEN

Bauzeit	2007–2012
Motor	V8-Motor
Stückzahl	k.A.
Leistung	4691 ccm
Hubraum	440 PS
Zylinder	8
Höchstgeschwindigkeit	285 km/h
Gewicht	1990 kg
Verbrauch	15,7 l/100 km

Der Maserati Quattroporte sorgt für Aufsehen.

301

Lexus LS 600h

Lexus ist die Nobelmarke von Toyota, und innerhalb des Lexus-Programms stellt die LS-Serie die Oberklasse dar. Seit 2007 wird der LS 600h angeboten. Bei diesem Modell handelt es sich um das erste Hybridfahrzeug dieser Klasse. Neben dem Elektromotor arbeitet unter der Motorhaube ein Achtzylinder-Aggregat, das eine Leistung von 394 PS erzielt. Die etwas über fünf Meter lange Limousine wiegt 2.345 Kilogramm. Trotzdem kann sie von Null auf 100 km/h in 6,3 Sekunden beschleunigen. Die Höchstgeschwindigkeit liegt bei 250 Stundenkilometern. 2010 bekam das Modell ein Facelifting mit einem neuen Kühlergrill leichten Änderungen an den Heckleuchten.

▶ Wussten Sie schon?

Der LS 600h verfügt über einen Gesichtsfeldmonitor, der im Fall des Sekundenschlafs des Fahrers eine Meldung ausgibt.

TECHNISCHE DATEN

Bauzeit	ab 2007
Motor	V8-Motor
Stückzahl	k.A.
Leistung	394 PS
Hubraum	4969 ccm
Zylinder	8
Höchstgeschwindigkeit	250 km/h
Gewicht	2430 kg
Verbrauch	9,3 l/100 km

Beim Antrieb mit dem Elektromotor ist der Lexus 600h trotz seiner Größe fast geräuschlos unterwegs. Bild: Toyota Deutschland GmbH

Chrysler Sebring Limousine II

302

Sebring ist eine Kleinstadt in Florida, die durch ihre Rennstrecke Bekanntheit erlangt hat. Chrysler brachte bereits 1995 ein Modell mit der Bezeichnung Sebring auf den Markt. Dabei handelte es sich um ein Coupé. Wenig später folgte ein Cabriolet. Die erste Sebring-Limousine war 2001 erhältlich. 2007 erschien eine neue Generation der Limousine, deren markantes äußerliches Merkmal die Rillen in der Motorhaube waren. Der Vierzylinder unter der Haube schaffte eine Höchstleistung von 173 PS und verbrauchte neun Liter. Nachfolger des Sebring war der Chrysler 200.

▶ Wussten Sie schon?

2007 begann in Peking die Produktion einer Version des Sebring für den chinesischen Markt.

Eine Rennstrecke im Namen: der Sebring.

TECHNISCHE DATEN

Bauzeit	2007–2010
Motor	GEMA Reihenmotor
Stückzahl	k.A.
Leistung	2360 ccm
Hubraum	173 PS
Zylinder	4
Höchstgeschwindigkeit	195 km/h
Gewicht	1505 kg
Verbrauch	9 l/100 km

Personen im Alter von 35 bis 55 Jahren hatte Chrysler als Zielgruppe für die Sebring-Limousine im Auge.
Bilder: Chrysler Group LLC

303 Mercedes SLR McLaren Roadster

Das Design zitiert den „Flügeltürer" 300 SL und seine Rennversion SLR Coupé. Bild: Daimler AG

Dieser Wagen ist aus der Zusammenarbeit mit McLaren in der Formel I entstanden. Seine Karosserie ist vollständig aus Karbonfaser-Werkstoffen (CFK) gefertigt. Nur die beiden Motorrahmen sind aus Aluminium. Viele Techniken aus der Formel I findet man in diesem Wagen wieder, zum Beispiel den Diffusor im Heckstoßfänger für größeren Abtrieb an der Hinterachse, Karbon-Keramik-Bremsscheiben und das Design aus dem Windkanal. Dazu kamen ein V8-Kompressormotor mit 625 PS und die Speedshift-R-Fünfgangautomatik.

TECHNISCHE DATEN

Bauzeit	2007–2010
Motor	M 155 V8-Otto-Motor mit Kompressor
Stückzahl	3500
Leistung	625 PS
Hubraum	5439 ccm
Zylinder	8
Höchstgeschwindigkeit	334 km/h
Gewicht	1768 kg
Verbrauch	14,5 l/100 km

304 Ascari A10

Reinrassiges Sportgerät, benannt nach einem echten Champion: der Ascari A10. Bild: Newspress Ltd.

Ascari Cars ist keine italienische, sondern eine britische Firma. Sie hat sich nach dem Formel-I-Weltmeister der frühen 1950er-Jahre benannt. Der Ascari A 10 ist ein Supersportwagen mit Mittelmotor, das Aggregat ist ein aufgemotzter V8 von BMW, der es auf 634 PS bringt. Er wurde anlässlich des zehn-jährigen Firmenbestehens erstmals gebaut und war ursprünglich auf zehn Exemplare limitiert, doch jetzt sollen es 50 werden. Monocoque, GFK-Karosserie und einige andere technische Spielereien stammen aus der Technik der Formel I.

TECHNISCHE DATEN

Bauzeit	ab 2007
Motor	BMW V8-Motor
Stückzahl	50
Leistung	634 PS
Hubraum	4941 ccm
Zylinder	8
Höchstgeschwindigkeit	354 km/h
Gewicht	1280 kg
Verbrauch	k.A.

Opel Zafira B

Die Adam Opel GmbH ist heute (immer noch) Teil des General-Motors-Konzerns. Gegründet wurde das Unternehmen bereits 1863 als Nähmaschinenfabrik, und die ersten Opel-Automobile begannen 1899 aus der Werkshalle zu rollen. Die Übernahme durch General Motors erfolgte 1929, nachdem das Unternehmen in eine Aktiengesellschaft umgewandelt worden war. Opel entwickelte sich schnell zu einem der bedeutendsten deutschen Autohersteller. Zu den neueren Modellen aus dem Hause Opel gehört der Zafira, der von Porsche mitentwickelt worden ist und seit 1999 hergestellt wurde. Der Zafira B, die zweite Generation des Kompaktvans, wurde seit 2005 in Bochum und im polnischen Gliwice produziert. Varianten des Modells wurden in einigen Ländern als Vauxhall Zafira und Chevrolet Zafira angeboten.

▶ Wussten Sie schon?

Die zweite Generation des Zafira stellte fast ein völlig neu entwickeltes Modell dar.

TECHNISCHE DATEN

Bauzeit	2008–2014 (Facelift)
Motor	Reihenmotor
Stückzahl	k.A.
Leistung	140 PS
Hubraum	1796 ccm
Zylinder	4
Höchstgeschwindigkeit	197 km/h
Gewicht	1505 kg
Verbrauch	7,3 l/100 km

Ein modernes Design und viel Platz für die Insassen machten den Zafira zu einem beliebten Kompaktvan.
Bild: Adam Opel GmbH

306 Opel Insignia Sports Tourer

Die Kombi-Version des Insignia heißt offiziell Sports Tourer. Bilder: Adam Opel GmbH

Der Opel Insignia kam 2008 als Nachfolger des Opel Vectra auf den Markt und wurde 2009 zum Auto des Jahres gewählt. Auf ihn wurden große Hoffnungen gelegt, das angeschlagene Unternehmen zu retten. Anfangs wurde der Insignia in einer viertürigen Stufenheck- und einer fünftürigen Schrägheck-Version gebaut. Im folgenden Jahr gesellte sich die fünftürige Kombi-Version, die Insignia Sports Tourer genannt wird, zum Angebot. Produziert wird der Insignia in Rüsselsheim. In einigen Ländern wird das große Familienauto als Vauxhall Insignia, als Buick Regal oder als Chevrolet Vectra angeboten.

▶ **Wussten Sie schon?**

Für den Insignia stehen neben den Benzin- und Dieselmotoren auch LPG- und ecoFLEX-Motoren zur Verfügung.

TECHNISCHE DATEN

Bauzeit	ab 2008 (Benziner)
Motor	Reihenmotor
Stückzahl	k.A.
Leistung	140 PS
Hubraum	1896 ccm
Zylinder	4
Höchstgeschwindigkeit	202 km/h
Gewicht	1610 kg
Verbrauch	7,8 l/100 km

Eine Meisterleistung aus Rüsselsheim.

Vauxhall Insignia SRi 2.0 CDTi 16v

307

Der Insignia zeigt, dass bei Verbrennungsmotoren der Kraftstoffverbrauch noch weiter gesenkt werden kann. Bild: Adam Opel GmbH

Der Vauxhall Insignia wird in Rüsselsheim hergestellt und entspricht dem Opel Insignia. Er kam 2008 auf den Markt und ersetzt den Vauxhall beziehungsweise Opel Vectra. Als Antrieb stehen vier Benzin- und drei Dieselmotoren zur Verfügung. Alle Motoren erfüllen die Euro-5-Norm. Eine besonders umweltfreundliche Variante, der Insignia SRi 2.0 CDTi mit dem Zusatz ecoFLEX, wurde 2009 eingeführt. Die Optimierung der Aerodynamik und der Motorsteuerung sowie die Senkung des Drehzahlniveaus im Getriebe helfen, die Kraftstoffkosten zu senken. Eine Schaltpunktanzeige informiert den Fahrer, wann die Motorsteuerung für möglichst sparsames Fahren das Schalten empfiehlt.

▶ Wussten Sie schon?

Wenn es schnell gehen muss, kann der Insignia rapide beschleunigen. Er braucht 5,6 Sekunden von Null auf 100 km/h.

TECHNISCHE DATEN

Bauzeit	ab 2009 (Diesel)
Motor	Turbo-Diesel Reihenmotor
Stückzahl	k.A.
Leistung	160 PS
Hubraum	1956 ccm
Zylinder	4
Höchstgeschwindigkeit	240 km/h
Gewicht	1503 kg
Verbrauch	6,6 l/100 km

Toyota iQ

Der knapp drei Meter lange iQ war Toyotas Antwort auf den Smart, den MINI, den Fiat Cinquecento und ähnliche Kleinstautos. Trotz seiner geringen Länge konnten im iQ aber bis zu vier Leute Platz finden. Die Sicherheitszelle schützte die Insassen bei einem Unfall, insgesamt neun Airbags waren eingebaut, um Personenschäden zu vermeiden. In den Listen der umweltfreundlichsten Autos fuhr er stets vorne mit. Bei der Ausstattung mit dem 1,4-Liter-Dieselmotor und einem Sechsgang-Getriebe lag der Verbrauch bei nur vier Litern pro 100 Kilometer. Neben dem Dieselmotor standen Benzinmotoren mit einem Hubraum von 1,0 und 1,33 Litern zur Auswahl. Der 32 Liter fassende Tank war für ein Auto dieser Größe ausreichend. Er war schmal und wurde unterflurig montiert.

Wussten Sie schon?

Der iQ war ein sehr sparsames und sicheres Automobil, das nicht viel Platz benötigte und in der Stadt bestens geeignet war.

TECHNISCHE DATEN

Bauzeit	2008–2014
Motor	Reihenmotor
Stückzahl	k.A.
Leistung	68 PS
Hubraum	998 ccm
Zylinder	3
Höchstgeschwindigkeit	150 km/h
Gewicht	970 kg
Verbrauch	4,7 l/100 km

Wenn auf dem hinteren Sitz niemand Platz nimmt, konnte man beim iQ den Kofferraum durch das Umklappen der Rücksitzlehne vergrößern. Bild: TOYOTA Deutschland GmbH

Ferrari California

309

In warmen Nächten ist die Fahrt mit dem offenen California eine Freude. Bild: FIAT S.p.A

Seit 2008 wird der Ferrari California im italienischen Maranello produziert. Einem größeren Publikum wurde der Sportwagen zum ersten Mal auf dem Pariser Autosalon vorgestellt und kurz darauf von Michael Schumacher auf dem Nürburgring präsentiert. Mit seinem 460 PS leistenden Achtzylinder-Motor bringt es der California auf eine Höchstgeschwindigkeit von 310 Stundenkilometern. Nur 3,9 Sekunden benötigt der Flitzer, um vom Stand aus 100 km/h zu erreichen. Den Fahrspaß können bis zu vier Personen teilen. Anstelle der hinteren Sitze kann sich der Käufer des California aber auch für eine Gepäckablage entscheiden.

TECHNISCHE DATEN

Bauzeit	ab 2008
Motor	V8-Motor
Stückzahl	k.A.
Leistung	460 PS
Hubraum	4300 ccm
Zylinder	8
Höchstgeschwindigkeit	310 km/h
Gewicht	1625 kg
Verbrauch	13,1 l/100 km

Audi TTS 2.0 TFSI quattro

310

Der Audi TT lässt fast die Schönheiten der Landschaft vergessen. Bild: Audi AG

Von den Beamtenlimousinen zu den Supersportwagen der TT-Familie war es ein langer, aber äußerst erfolgreicher Weg. In neue Sphären gelangten die Ingolstädter mit der Sportversion TTS, die 2008 vorgestellt wurde. Die Höchstgeschwindigkeit beträgt 250 km/h, aber nicht etwa deshalb, weil er nicht schneller könnte. Audi hat den Motor auf diesen Wert abgeregelt. Die Bezeichnung TT bedeutet übrigens ursprünglich „Tourist Trophy" und soll an den NSU 1200 TT erinnern, der in den Sechzigern den Rennsport kräftig aufmischte. Das „S" steht für „Sport". Die Daten gelten für den abgebildeten 2.0 TFSI quattro.

TECHNISCHE DATEN

Bauzeit	ab 2008
Motor	Reihenmotor mit Turbolader und Ladeluftkühlung
Stückzahl	k.A.
Leistung	272 PS
Hubraum	1984 ccm
Zylinder	4
Höchstgeschwindigkeit	250 km/h
Gewicht	1395 kg
Verbrauch	8,1 l/100 km

Mit einem 560 PS starken Mittelmotor ist der Fahrspaß garantiert. Bilder: Lamborghini

311 Lamborghini Gallardo LP 560-4

Der Gallardo ist Lamborghinis meistverkauftes Modell. Seit seiner 2003 stattgefundenen Einführung bis 2008 verließen 8.588 Exemplare das Werk in Sant'Agata. Auf dem Genfer Auto-Salon 2008 stellte Lamborghini den Gallardo LP 560-4 vor, mit dem das bisherige Coupé ersetzt wurde. Der Zehnzylinder-Motor schafft eine Maximalleistung von 560 PS. Eine Beschleunigung von Null auf 100 Stundenkilometer ist mit dem neuen Gallardo LP 560-4 innerhalb von 3,7 Sekunden möglich. 11,8 Sekunden braucht er, um 200 km/h zu erreichen. Die Höchstgeschwindigkeit liegt bei 325 km/h. Mit leerem Tank beträgt das Gewicht des LP 560-4 nur 1.500 Kilogramm. Damit kommen etwa 2,7 Kilogramm auf ein PS.

▶ Wussten Sie schon?

Ein tiefer Schwerpunkt sorgt beim Gallardo LP 560-4 für eine gute Straßenlage und sichere Kurvenfahrten.

105 mm Bodenabstand hat der Gallardo.

TECHNISCHE DATEN

Bauzeit	ab 2008
Motor	V10-Motor
Stückzahl	k.A.
Leistung	560 PS
Hubraum	5204 ccm
Zylinder	10
Höchstgeschwindigkeit	325 km/h
Gewicht	1500 kg
Verbrauch	13,7 l/100 km

Jetstream Extreme SC250

Die britische Firma Jetstream hatte 2008 mit ihrem Extreme SC250 den Gedanken verwirklicht, ein schnelles Leichtgewicht zu bauen. Das gelang vortrefflich, gerade mal 700 Kilo bringt er auf die Waage. Das als Mittelmotor eingebaute Triebwerk mit 250 PS stammt vom Opel Astra OPC. Er bringt das Fahrzeug in weniger als vier Sekunden ans Landstraßenlimit. Die hervorragende Beschleunigung wird durch den Umstand erleichtert, dass auf ein PS Leistung nur 2,8 Kilogramm an Gewicht kommen. Obwohl der Extreme SC250 sehr eckig aussieht, wurde die Karosserie doch rein nach aerodynamischen Gesichtspunkten konstruiert. Behilflich dabei war der Einsatz von Design-Software (CAD) und von computergestützter Simulation (CAS) für das Testen von die Fahrsituationen. Der Kunde kann aus zwölf Lackfarben wählen.

Ein leistungsstarkes Leichtgewicht. Bild: Jetstream

TECHNISCHE DATEN

Bauzeit	ab 2008
Motor	Opel Reihenmotor
Stückzahl	k.A.
Leistung	250 PS
Hubraum	1998 ccm
Zylinder	4
Höchstgeschwindigkeit	265 km/h
Gewicht	700 kg
Verbrauch	7,5 l/100 km

Aus Cornwall in England kommen die Jetstream-Autos. Die Herstellung eines Exemplars kann sechs bis acht Wochen in Anspruch nehmen. Bild:Newspress Ltd.

Flügeltüren sind für den Skyper C8 Aileron selbstverständlich. Bilder: Spyker Cars N.V.

313

Spyker C8 Aileron

Im Jahr 2009 wurde mit dem Spyker C8 Aileron die zweite Generation des C8 eingeläutet. Der Beiname Aileron ist eine Remniszenz an die Luftfahrtvergangenheit des 1929 untergegangenen Vorläufers Spyker, in dessen Tradition Spyker Cars sich versteht. Der Radstand wurde um 150 Millimeter verlängert und im Innenraum wurde mehr Platz geschaffen. Die Leistung des Audi-V8-Motors ist bei 400 PS geblieben. Dagegen wurde das Armaturenbrett neu gestaltet. Das Soundsystem ist iPod-kompatibel und Bluetooth-geeignet – allerdings gegen einen Aufpreis.

▶ Wussten Sie schon?

Zur Ausstattung des Spyker gehören Ledersitze, eine Klimaanlage, Airbags für Fahrer und Beifahrer sowie Alu-Schalthebel.

Den Spyker kann man starten wie ein Flugzeug.

TECHNISCHE DATEN

Bauzeit	ab 2008
Motor	Audi V8-Motor
Stückzahl	k.A.
Leistung	400 PS
Hubraum	4136 ccm
Zylinder	8
Höchstgeschwindigkeit	300 km/h
Gewicht	1560 kg
Verbrauch	k.A.

314 Rinspeed sQuba

Zwar hatte es bereits schwimmende Autos wie den Amphicar schon gegeben, aber dass ein Auto gleich auf Tauchfahrt geht, schien bis 2008 undenkbar. Dann kam Rinspeed aus der Schweiz und stellte den sQuba vor, noch dazu ein Cabrio, der das konnte. Vor allem schwimmt der Wagen und fährt nicht etwa nur auf dem Grund. Der Fahrer sitzt mit einer Taucherausrüstung am Lenkrad. Abgase produziert der Elektrowagen keine. Unter Wasser ist der sQuba drei Stundenkilometer schnell, an der Oberfläche schwimmend sechs. Auf der Straße zum See schafft er immerhin über 120 km/h.

Mit einer Geschwindigkeit von 2,9 km/h kann sich der sQuba unter Wasser fortbewegen. Bild: Rinspeed

TECHNISCHE DATEN

Bauzeit	2008
Motor	3 Elektromotoren
Stückzahl	1
Leistung	160 Nm
Hubraum	Elektro
Zylinder	keine
Höchstgeschwindigkeit	120 km/h
Gewicht	k.A.
Verbrauch	k.A.

315 Spyker C12 Zagato

Ebenfalls 2008 schlug die Geburtsstunde des Spyker C12 Zagato, eines luxuriösen Supersportwagens in Mittelmotorkonstruktion. Sein Design mit den auffallenden Schmetterlingsflügeln wurde in Zusammenarbeit mit der italienischen Legende Zagato entwickelt. Der 495.000 Euro teure Wagen soll auf 24 Exemplare begrenzt bleiben. Der Sechs-Liter W12-Motor stammt von Audi und leistet 506 PS. Die Karosserie des C12 besteht aus Aluminium. Schalten kann man manuell oder automatisch mit einem System, das Spyker aus der Formel I abgeschaut hat.

Der Spyker C12 Zagato steht bereit zum Einsteigen – falls man ihn sich leisten kann. Bild: Spyker Cars N.V.

TECHNISCHE DATEN

Bauzeit	2008
Motor	Audi W12-Motor
Stückzahl	24
Leistung	506 PS
Hubraum	5998 ccm
Zylinder	12
Höchstgeschwindigkeit	313 km/h
Gewicht	1480 kg
Verbrauch	k.A.

316 Shelby GT500KR Mustang

Mit seinen 540 PS konnte der GT500KR in nur 4,3 Sekunden auf 100 km/h beschleunigen. Bild: IFCAR

Der ehemalige Rennfahrer Carroll Shelby begann bereits in den 1960er-Jahren damit, Fahrzeuge in Serie aufzufrisieren und zu verkaufen. Dazu gehörte auch der Ford Mustang. Im Frühjahr 2007 wurde der Shelby Mustang GT500KR vorgestellt und ein Jahr später zum Verkauf angeboten. Er war mit einem 540 PS starken Achtzylinder-Motor ausgestattet und erreichte eine Höchstgeschwindigkeit von 315 Stundenkilometern. Doch nicht jeder konnte einen solchen Mustang erwerben, denn die Stückzahl des GT500KR war auf 1.712 beschränkt. Die Grundmontage fand in einem Fertigungswerk in Flat Rock, Michigan, statt, wo auch Ford Mustangs und der Ford Fusion gefertigt werden. Die Endmontage und Veredelung wurde anschließend bei Carroll Shelby International vollzogen.

▶ Wussten Sie schon?

Ein GT500KR mit künstlicher Intelligenz spielte in der Fernsehserie „Knight Rider" eine zentrale Rolle.

TECHNISCHE DATEN

Bauzeit	2008–2009
Motor	V8-Motor
Stückzahl	1712
Leistung	540 PS
Hubraum	5408 ccm
Zylinder	8
Höchstgeschwindigkeit	315 km/h
Gewicht	1700 kg
Verbrauch	13 l/100 km

Ein sehr exklusiver Mustang. Bild: Shelby

317

Tesla Roadster

Tesla Motors wurde gegründet, um Elektroautos herzustellen. So ist die Benennung nach dem berühmten Elektroingenieur Nikola Tesla keine Überraschung. Erstes Modell war 2008 der Tesla Roadster, ein bei Lotus designter und montierter Sportwagen. Er schaffte es in 3,7 Sekunden auf 100 km/h, die Höchstgeschwindigkeit von 201 km/h wurde technisch begrenzt. Tesla verwendete Lithium-Ionen-Akkus, die eine Reichweite zwischen 200 und 500 Kilometer hatten – je nach Fahrweise. Sie wurden durch einen Flüssigkeitsmantel gekühlt, ähnlich wie die Verbrennungsmotoren.

Die Zukunft liegt, laut Elon Musk, bei den Elektroautos, wie dem Tesla Roadster. Bild: Newspress Ltd.

TECHNISCHE DATEN

Bauzeit	2008–2012
Motor	Elektromotor
Stückzahl	ca. 2400
Leistung	292 PS
Hubraum	6831 Akkuzellen
Zylinder	keine
Höchstgeschwindigkeit	201 km/h
Gewicht	1240 kg
Verbrauch	12,7 kWh/100 km

318

Toyota Avensis III

In dem englischen Dorf Burnaston, in Derbyshire, wird im dortigen Toyota-Werk der für europäische Ansprüche konzipierte Mittelklassewagen Toyota Avensis montiert. Der Avensis kam 1998 als Nachfolger des Toyota Carina auf den Markt. Seine Beliebtheit verdankt er unter anderem seiner hervorragenden Position in den Pannenstatistiken. Die dritte Generation des Avensis wurde im Jahr 2009 gestartet. Die Ottomotoren der neuen Modelle liefern eine Leistung von 132 bis 152 PS bei einer Hubraumgröße von 1,6 bis 2,0 Litern. Die 2,0 bis 2,2 Liter großen Dieselmotoren sind 126 bis 177 PS stark.

Die dritte Generation des Avensis sollte noch weniger Schadstoffe ausstoßen. Bild: Toyota

TECHNISCHE DATEN

Bauzeit	ab 2009
Motor	Reihenmotor
Stückzahl	k.A.
Leistung	132 PS
Hubraum	1598 ccm
Zylinder	4
Höchstgeschwindigkeit	200 km/h
Gewicht	1485 kg
Verbrauch	6,5 l/100 km

Toyota Prius III

Das erste Fahrzeug mit Hybridantrieb brachte Toyota schon 1997 auf den Markt. Die Nachfrage blieb zu dieser Zeit angesichts der relativ niedrigen Kraftstoffpreise jedoch gering. Die zweite Generation des Prius war ab 2003 am Start, und 2009 gab der Prius III sein Debüt. Mit jedem Generationswechsel erfolgte eine Verbesserung der Komponenten. Die Batterien wurden verkleinert und die Reichweite mit dem elektrischen Antrieb erhöht. In einer Anzeige oberhalb der Mittelkonsole wird der Fahrer informiert, ob gerade der Elektromotor läuft oder die Batterien geladen werden. Die neueste Version des Prius verfügt über einen 99 PS starken Verbrennungsmotor und einen Elektromotor, der 82 PS leistet. Die Leistung des gesamten Hybrid-Systems wird mit 136 PS angegeben. Der Prius erhielt zahlreiche Auszeichnungen, dazu gehören „Bester neuer Motor" 2004, „Bester Verbrauch" in den Jahren 2004 und 2005 sowie das „Grüne Lenkrad" als beste automobile Umwelt-Neuheit 2009.

Wussten Sie schon?

2009 stellte Toyota den Prius Plug-in Hydrid vor. Bei dieser Version kann der Akku über das Stromnetz geladen werden.

TECHNISCHE DATEN

Bauzeit	ab 2009
Motor	Hybrid Synergy Drive System
Stückzahl	k.A.
Leistung	136 PS
Hubraum	1798 ccm
Zylinder	4
Höchstgeschwindigkeit	180 km/h
Gewicht	1495 kg
Verbrauch	3,9 l/100 km

Nur vier Liter verbraucht der Prius III im Stadtverkehr. Bild: Toyota

BMW X 3 xDrive 18d

320

Der X 3 stammt eigentlich aus Österreich, denn er wurde von Magna Steyr entwickelt und wird in Graz gebaut. Er ist ein Kompakt-SUV und als solcher der kleinere Bruder des X 5. Seine Besonderheit ist der von BMW entwickelte intelligente Allradantrieb „xDrive", der über ein ESP erkennt, in welcher Weise die Antriebskraft auf die beiden Achsen verteilt werden muss, um sich der Fahrsituation am besten anzupassen. Das hier gezeigte Modell 18d wird seit Juni 2009 gebaut. Er hat einen modernen Vierzylinder-Diesel-Motor mit Common-Rail-Technologie bei einem Einspritzdruck von 1.600 bar. Unterstützend wirkt die Digitale Diesel Elektronik DDE, die Leistungsparameter analysiert und optimiert. Mit Hilfe eines Fahrerlebnisschalters kann man zwischen den Fahrmodi „Sport" und „Eco Pro" wählen.

TECHNISCHE DATEN

Bauzeit	ab 2009
Motor	Otto- oder Diesel-Reihenmotor
Stückzahl	über 500000 (alle X3)
Leistung	143 PS
Hubraum	1995 ccm
Zylinder	4
Höchstgeschwindigkeit	195 km/h
Gewicht	1815 kg
Verbrauch	6,2 l/100 km

Der intelligente Allradantrieb xDrive von BMW kam erstmals beim Z 3 zum Einsatz. Er gehört zu den Aushängeschildern der Münchener Autoschmiede. Bild: BMW AG

Der Sierra Hybrid hat viel Kraft unter der Haube und kann trotzdem noch relativ sparsam eingesetzt werden.

321 GMC Sierra Hybrid

Pickup-Modelle sind normalerweise nicht für ihren sparsamen Kraftstoffverbrauch bekannt. Aber 2008 stellte General Motors einen Pickup vom Typ Sierra vor, der eine Spritersparnis von bis zu 40 Prozent ermöglichen sollte. Grund dafür ist das gemeinsam mit BMW und Chrysler entwickelte Two-Mode-Hybridsystem. Bei dieser Hybridtechnologie gibt es zwei Betriebsarten, eine für niedrige und eine für hohe Geschwindigkeiten. Die Kombination des stufenlosen Getriebes mit vier Gängen, die ein festes Übersetzungsverhältnis aufweisen, ermöglicht zudem eine Verbesserung des Gesamtwirkungsgrades bei niedrigen Geschwindigkeiten.

▶ Wussten Sie schon?

Abgesehen vom Hybrid-Antrieb ist der Sierra in technischer Hinsicht mit dem Chevrolet Silverado verwandt.

TECHNISCHE DATEN

Bauzeit	ab 2009
Motor	V8-Motor
Stückzahl	k.A.
Leistung	332 PS
Hubraum	5967 ccm
Zylinder	8
Höchstgeschwindigkeit	177 km/h
Gewicht	5882 kg
Verbrauch	11,75 l/100 km

Dient auch als Zugpferd. Bilder: General Motors

Porsche Panamera S

Der am 12. September 2009 vorgestellte Panamera wurde im Herbst des gleichen Jahres mit dem „Goldenen Lenkrad" ausgezeichnet. In Amerika wurde er „Car of the Year 2010". Bestechend ist die Perfektion des Fahrwerks, die Grip, Komfort und dennoch Sportlichkeit garantiert. Drei Versionen werden angeboten: Der Panamera S mit 400 PS und der gleich starke Panamera 4S mit Doppelkupplungsgetriebe und intelligentem Allradantrieb PTM. Topmodell ist der Panamera Turbo mit 500 PS-Achtzylinder, Doppelkupplungsgetriebe PDK und Allradantrieb PTM. Neben der Version mit Verbrennungsmotor führte Porsche auch eine Variante des Panamera S mit Hybridantrieb ein, den Panamera S E-Hybrid.

TECHNISCHE DATEN

Bauzeit	ab 2009
Motor	V8-Motor
Stückzahl	k.A.
Leistung	400 PS
Hubraum	4800 ccm
Zylinder	8
Höchstgeschwindigkeit	283 km/h
Gewicht	1800 kg
Verbrauch	10,8 l/100 km

Seit dem Spätsommer 2009 wird der Panamera ausgeliefert. Jetzt kann er endlich seine Klasse beweisen.
Bild: Dr. Ing. h.c. F. Porsche AG

Dieses Saab-Modell zeigt, dass Bio auch spritzig sein kann. Bilder: Saab

323 Saab 9-3X 2.0T BioPower

Saab hat sich auf dem Sektor der Flex-Fuel-Fahrzeuge profiliert, also Autos mit Motoren, die eine beliebige Mischung aus Bioethanol und Benzin im Tank vertragen, idealerweise den regenerativen Kraftstoff E85 mit 85 Prozent Bioethanol und 15 Prozent Benzin. Das Konzept geht gut auf, denn das Fahrverhalten unterscheidet sich nicht im Geringsten von einem herkömmlichen Wagen. Der Saab wird in vier Ausstattungsvarianten angeboten, kann mit Schalt- oder Automatikgetriebe ausgerüstet werden. Da Saab einen „Sportkombi" bauen wollte, liegt der Sitzkomfort nicht bei der vollen Punktzahl.

▶ **Wussten Sie schon?**
Den Saab 9-3 gibt es neben der Limousinenversion auch als Cabriolet, Kombi, Kombilimousine und Kombicoupé.

Mit Bio unterwegs: der Saab 9-3X.

TECHNISCHE DATEN

Bauzeit	ab 2009
Motor	Benzin/Ethanol-Motor
Stückzahl	k.A.
Leistung	210 PS
Hubraum	1998 ccm
Zylinder	4
Höchstgeschwindigkeit	230 km/h
Gewicht	1761 kg
Verbrauch	8,1 l/100 km

Lamborghini Murciélago LP 670-4 SV

324

Murciélago bedeutet auf Spanisch Fledermaus. Dies war auch der Name eines Stiers, der im 19. Jahrhundert in Spanien durch seinen tapferen Kampf in der Arena von sich reden machte. Als man bei Lamborghini nach einer Bezeichnung für den Nachfolger des Diablo suchte, wurde der Name dieses Kampfstiers übernommen. Der erste Murciélago kam 2001 auf den Markt. Es gab ihn in Ausführungen als Coupé und Roadster. In den folgenden Jahren erfuhr der Murciélago weitere Überarbeitungen. Auf dem Genfer Auto-Salon 2009 stellten die Konstrukteure aus Sant'Agata Bolognese eine Version mit der Zusatzbezeichnung „SuperVeloce" vor. Der Name ist hier Programm, denn der Sportwagen erzielt mit seinen 670 PS eine Höchstgeschwindigkeit von bis zu 342 Stundenkilometern. Lediglich 3,2 Sekunden benötigt er, um auf 100 km/h zu kommen. Eine spezielle Ausführung des SuperVeloce für den chinesischen Markt stellte Lamborghini 2010 auf der Beijing Auto Show vor. Allerdings blieb dieser China-Lamborghini auf zehn Stück begrenzt.

▶ Wussten Sie schon?

6,49 Sekunden brauchte der SuperVeloce bei einer Testfahrt, um von 300 km/h in den Stand herunterzubremsen.

TECHNISCHE DATEN

Bauzeit	2009–2010
Motor	Lamborghini V12
Stückzahl	k.A.
Leistung	670 PS
Hubraum	6496 ccm
Zylinder	12
Höchstgeschwindigkeit	342 km/h
Gewicht	3200 kg
Verbrauch	k.A.

Stier oder Fledermaus? Auf jedenfalls eine Powermaschine der Extraklasse. Bild: Lamborghini

325 Maserati GranCabrio

Der GranCabrio hat genügend Platz für vier vollwertige Sitze. Bild: FIAT S.p.A

Der GranCabrio von Maserati wurde 2009 auf der Internationalen Automobilausstellung in Hannover vorgestellt. Dabei handelt es sich um ein viersitziges Luxus-Cabrio mit einem 440 PS starken Motor. Der Radstand von 2.942 Millimetern soll dem Fahrzeug eine gute Straßenlage und Stabilität verleihen. Ein Stoffdach schützt die Insassen bei schlechtem Wetter. Es kann durch Betätigung eines Kopfs innerhalb von 28 Sekunden geöffnet werden. Der 1.980 Kilogramm schwere GranCabrio kann innerhalb von 5,4 Sekunden auf 100 km/h beschleunigen.

▶ Wussten Sie schon?

Der Motor des Maserati GranCabrio stammt von Ferrari. Sowohl Maserati als auch Ferrari sind Fiat-Töchter.

TECHNISCHE DATEN

Bauzeit	ab 2009
Motor	V8-Motor
Stückzahl	k.A.
Leistung	440 PS
Hubraum	4691 ccm
Zylinder	8
Höchstgeschwindigkeit	283 km/h
Gewicht	1980 kg
Verbrauch	14,5 l/100 km

Ein perfekt gestyltes Cabrio. Bild: FIAT S.p.A

326

Maserati Quattroporte S

Eleganz, Komfort und eine hohe Leistung bietet der Quattroporte S. Sein Motor liefert nur zehn PS weniger an Leistung als derjenige des Quattroporte Sport GT S. Von Null auf 100 Stundenkilometer schafft er es in 5,4 Sekunden. Der Quattroporte S wurde als Mitglied der erfolgreichen Quattroporte-Reihe 2009 vorgestellt. Was ihn neben technischen Details von seinen Vorgängern unterscheidet, ist eine leichte Überarbeitung des Designs, wozu auch ein neuer Kühlergrill zählt. Etwas über 120.000 Euro muss man hinlegen, wenn man sich das exklusive Fahrzeug leisten möchte.

Der Quattroporte S zeigt, dass er auf Fahrfreude getrimmt ist. Bild: FIAT S.p.A.

TECHNISCHE DATEN

Bauzeit	ab 2009
Motor	V8-Motor
Stückzahl	k.A.
Leistung	430 PS
Hubraum	4691 ccm
Zylinder	8
Höchstgeschwindigkeit	280 km/h
Gewicht	1990 kg
Verbrauch	15,7 l/100 km

327

Jaguar XJ MK4

Der XJ ist das Flaggschiff des im englischen Coventry beheimateten Unternehmens, das sich die Herstellung von „schnellen, schönen Autos" zum Ziel gesetzt hat. Die erste Generation – auch als Mark 1 bezeichnet – der Oberklassenlimousine erschien 1968 auf dem Markt. Das Modell wurde kontinuierlich weiterentwickelt. Zu Mark 4 (abgekürzt wird diese Bezeichnung mit MK oder Mk, was wir auch im Namen dieses Modells finden) zählt der ab 2009 angebotene XJ, der intern die Bezeichnung X351 bekommen hat. Ein Sechszylinder- und zwei Achtzylinder-Motoren stehen zur Auswahl. Die Maximalleistung liegt bei 275, 385 oder 510 PS.

Mit ungewöhnlichem, aber eleganten Design fällt die vierte Generation des XJ auf. Bild: Jaguar Cars Limited

TECHNISCHE DATEN

Bauzeit	ab 2009
Motor	V8-Motor
Stückzahl	k.A.
Leistung	385 PS
Hubraum	5000 ccm
Zylinder	8
Höchstgeschwindigkeit	250 km/h
Gewicht	1755 kg
Verbrauch	10,3 l/100 km

328 Rolls-Royce Ghost

Ungefähr 20 Tage wird an einem einzigen Exemplar des Ghost gearbeitet. Bild: Rolls-Royce Motor Cars Ltd.

Die Marke Rolls-Royce ist vor allem für exklusive, luxuriöse Automobile bekannt. Aber die Modelle mit dem Doppel-R im Emblem haben auch eine sportliche Seite. Die etwas kleinere, 2.360 Kilogramm wiegende Luxuslimousine Ghost kann innerhalb von 4,9 Sekunden auf 100 Stundenkilometer beschleunigen. Die Höchstgeschwindigkeit liegt bei 250 km/h. Als Antriebsaggregat dient der 570 PS starke Zwölfzylinder-Motor. Dabei muss der Käufer auf keinen Komfort verzichten. Für ungefähr 250.000 Euro ist der gute „Geist“ aus dem britischen Goodwood zu haben.

TECHNISCHE DATEN

Bauzeit	ab 2009
Motor	V12-Motor
Stückzahl	k.A.
Leistung	570 PS
Hubraum	6592 ccm
Zylinder	12
Höchstgeschwindigkeit	250 km/h
Gewicht	2360 kg
Verbrauch	13,6 l/100 km

329 Bentley Continental Supersports

Continental bedeutete bei Bentley immer die schnellere Version, denn auf dem Kontinent waren höhere Geschwindigkeiten möglich. Bild: Bentley

Während Bentley früher immer Autos gebaut hatte, die auf Modellen von Rolls-Royce beruhten, wurde nach dem Kauf des britischen Hoflieferanten an Volkswagen die Lage anders. Jetzt sind es VW-Plattformen, auf denen Bentley aufbaut. Der 2009 eingeführte Continental Supersports mit einem W 12 Biturbo-Motor hat nicht nur den Motor des stärksten Phaeton, sondern er baut auch auf dessen Plattform auf. Er ist die stärkste Version des Continental GT, der 2003 auf den Markt kam. Deutsche Technik, aber britische Wertarbeit: die Fahrzeuge werden in England weitgehend per Hand gefertigt.

TECHNISCHE DATEN

Bauzeit	ab 2009
Motor	Volkswagen W 12 Biturbo
Stückzahl	k.A.
Leistung	630 PS
Hubraum	5998 ccm
Zylinder	12
Höchstgeschwindigkeit	329 km/h
Gewicht	2240 kg
Verbrauch	16,3 l/100 km

Infiniti Essence

Der Essence ist eine Supercoupé-Studie der jungen japanischen Luxusmarke Infiniti, die von Nissan gegründet wurde. Er ist ein Hybrid-Wagen mit stolzen 592 PS und einem atemberaubenden Design. Der Hybrid-V6-Motor wird als Benziner oder Diesel in dem neu überarbeiteten Modell M verwendet. Mit diesem Modell eröffnet Infiniti in Europa seine Filialen, hier zum Beispiel in London bei der Eröffnung des Infiniti Zentrums Picadilly. Im Kofferraum des von Takashi Nakajima designten Wagens hat ein dreiteiliges Louis-Vuitton-Kofferset Platz. Wenn der Kofferraumdeckel geöffnet wird, fährt der Boden automatisch aus.

TECHNISCHE DATEN

Bauzeit	2009–2009
Motor	Hybrid-V6-Motor
Stückzahl	1
Leistung	592 PS
Hubraum	3700 ccm
Zylinder	6
Höchstgeschwindigkeit	k.A.
Gewicht	k.A.
Verbrauch	k.A.

Das Design des Infiniti Essence wird als „Coke Bottle Styling" (Cola-Flaschen-Styling) bezeichnet, weil die Konturen an Cola-Flaschen erinnern sollen. Bild: Infiniti

Nur 15 dieser Geschöpfe sollten das Licht der Welt erblicken. Bilder: Pagani Automobili SpA

331 Pagani Zonda R

In 15 Exemplaren baute Pagani den Supersportwagen schlechthin, den 750 PS starken Zonda R. Sein Sechs-Liter-V12-Motor von Mercedes-Benz AMG mit Trockensumpfschmierung brachte ihn in 2,7 Sekunden aufs derzeit geltende Tempolimit außerhalb geschlossener Ortschaften, wobei der Gangwechsel in 20 Millisekunden erfolgte. Die Spitze lag irgendwo jenseits der 350 Stundenkilometer. Nur 1.070 Kilo wog der Wagen, der als Rennwagen auf bequemen Schnickschnack verzichten konnte und nur spartanisch ausgestattet war – aber wer braucht auf dem Nürburgring schon ein Navi?

▶ Wussten Sie schon?

Mit einem Pagani Zonda R stellte Marc Basseng 2010 einen neuen Rundenrekord auf dem Nürburgring auf.

TECHNISCHE DATEN

Bauzeit	2009–2014
Motor	V12-Motor
Stückzahl	15
Leistung	750 PS
Hubraum	5987 ccm
Zylinder	12
Höchstgeschwindigkeit	350 km/h
Gewicht	1070 kg
Verbrauch	k.A.

Aufsehen erregt man mit dem Zonda R garantiert.

Morgan Aero SuperSports

332

Zur Hundertjahrfeier der Firma legte Morgan 2010 den Aero SuperSports auf, dessen Design wunderschöne Roadster wie den SSK zitiert. Die Aluminium-Karosserie wird mit Techniken aus dem Flugzeugbau gefertigt. Der 4,8-Liter-V8-Motor wird von BMW geliefert. Die Innenausstattung ist aus polier-

Der Aero SuperSports, basierend auf dem Aero 8, wird seit 2010 in 200 Exemplaren gebaut. Bild: Morgan Motor Company

tem Hartholz und handgenähtem Leder. Modernste Elektronik unterstützt den Fahrer bei seinen Manövern. Ein abnehmbares Hardtop kann den Wagen von einem Coupé in ein Cabrio verwandeln. Morgan, ein erklärter Verfechter des alten Stils, will nur 200 Exemplare dieses Modells bauen.

TECHNISCHE DATEN

Bauzeit	ab 2010
Motor	BMW N62 V8
Stückzahl	200
Leistung	367 PS
Hubraum	4799 ccm
Zylinder	8
Höchstgeschwindigkeit	270 km/h
Gewicht	1200 kg
Verbrauch	k.A.

Pagani Huayra

333

Unter dem Projektnamen C9 arbeitete Pagani seit 2003 an einem neuen Supersportwagen. 2011 war es dann endlich so weit: Der Huayra wurde vorgestellt. Huayra heißt in der Sprache der Inkas „Wind". Der Mercedes-Benz

Spektakuläres Design und geringe Bodenfreiheit zeichnen den Huayra aus, Bild: Pagani Automobili SpA

AMG M158 V12-Biturbo mit sechs Litern Hubraum und Trockensumpfschmierung soll über 370 Stundenkilometer bringen. Doch vielleicht das beste an diesem Geschoss ist die atemberaubende Karosserie mit einer ausgefeilten Aerodynamik, die durch automatisch einstellbare Flaps unterstützt wird.

TECHNISCHE DATEN

Bauzeit	ab 2012
Motor	Mercedes-Benz V12-Motor
Stückzahl	k.A.
Leistung	730 PS
Hubraum	5980 ccm
Zylinder	12
Höchstgeschwindigkeit	370 km/h
Gewicht	1350 kg
Verbrauch	15 l/100 km

Unser komplettes Programm finden Sie unter

www.geramond.de

Verantwortlich: Martin Distler
Satz: Silke Schüler, München
Schlusskorrektur: Thilo Kreier
Repro: Cromika, Verona
Herstellung: Anna Katavic
Einbandgestaltung: Ralph Hellberg
Printed in Germany by Phoenix Print

★★★★★

Sind Sie mit diesem Titel zufrieden? Dann würden wir uns über Ihre Weiterempfehlung freuen. Erzählen Sie es im Freundeskreis, berichten Sie Ihrem Buchhändler, oder bewerten Sie das Werk online.
Und wenn Sie Kritik, Korrekturen Aktualisierungen haben, freuen wir uns über Ihre Nachricht an den GeraMond Verlag, Postfach 40 02 09, D-80702 München oder per E-Mail an lektorat@geramond.de.

GeraMond Verlag
Lektorat Postfach 40 02 09
D-80702 München
E-Mail: lektorat@geramond.de

Die Deutsche Nationalbibliothek verzeichnet diese Publikation in der Deutschen Nationalbibliografie, detaillierte bibliografische Daten sind im Internet über http://dnb.d-nb.de abrufbar.

ISBN 978-3-86245-743-4

Wir nehmen Abschied mit dem Porsche Carrera GT und bis zu 334 km/h. Bild: Dr. Ing. h.c. F. Porsche AG

Ebenfalls erhältlich ...

ISBN 978-3-86245-746-5

ISBN 978-3-86245-747-2

ISBN 978-3-86245-744-1

ISBN 978-3-86245-745-8

GeraMond

www.geramond.de